时间塔
Tower of Time

版式设计

大原则

U0334222

日本株式会社ARENSKI 著

赵昕 译

华中科技大学出版社
http://www.hustp.com
中国·武汉

图书在版编目（CIP）数据

版式设计大原则 / 日本株式会社ARENSKI著；赵昕译. —武汉：华中科技大学出版社，2020.10
（时间塔）
ISBN 978-7-5680-6599-3

Ⅰ.① 版… Ⅱ.① 日… ② 赵… Ⅲ.① 版式-设计 Ⅳ.① TS881

中国版本图书馆CIP数据核字（2020）第172297号

简体中文版由日本技术评论社授权华中科技大学出版社有限责任公司在中华人民共和国境内
（但不包括香港、澳门和台湾地区）出版、发行。

湖北省版权局著作权合同登记 图字：17-2020-016号

版式设计大原则
BANSHI SHEJI DA YUANZE

日本株式会社ARENSKI　著
赵昕　译

出版发行：华中科技大学出版社（中国·武汉）	电话：(027)81321913
武汉市东湖新技术开发区华工科技园	邮编：430223

策划编辑：贺　晴	美术编辑：杨　旸
责任编辑：贺　晴	责任监印：朱　玢

印　　刷：武汉精一佳印刷有限公司	
开　　本：880 mm×1230 mm 1/32	
印　　张：7	
字　　数：180千字	
版　　次：2020年10月 第1版 第1次印刷	
定　　价：59.80元	

投稿邮箱：heq@hustp.com
本书若有印装质量问题，请向出版社营销中心调换
全国免费服务热线：400-6679-118 竭诚为您服务
版权所有　侵权必究

序

　　本书希望通过一些浅显易懂的方式来阐述版式设计的技巧、知识和基本原则。在实际应用中，若无法将这些方法融会贯通，就无法清晰地传达所要表达的内容。本书意在将从前辈设计师处所习来的知识、技巧，以及从每日练习中所总结的经验等，汇总为一本关于版式设计最重要的基本原则的书。其中，第一部分将从版式设计的目的和关联性出发，解析版式设计究竟是什么；第二部分则以三个关键词为线索，结合实际案例讲解示范如何迅速完成版式设计；第三部分将结合一些实际案例来解析版式设计中的各种技巧。从基本的固定搭配到时下热门的设计趋势，我将尽我所能为读者奉上最为全面的设计思路。

　　通过有序学习与具体实践，我们将切实掌握有关版式设计的技巧。

　　这些技巧和灵感的切入点，不仅能帮助我们自如应对版式设计过程中遇到的种种难题，而且在其他各种场合中，也能发挥重要的作用。

CONTENTS

PART 1 版式设计基础

010 **版式设计是什么**

014 1. 了解对象

016 2. 明确所要表达的内容

018 3. 思考表现形式

020 **设计推进方法**

（版式设计概览）

026 纵向排版篇

028 横向排版篇

030 网页排版篇

PART 2 版式设计原则

035 **易读性**

036 分组

042 线

048 对比

054 **识别性**

055 张弛有致

062 跳跃度

068 留白

072 **可读性**

073 字体

078 色彩

PART 3 版式设计构思

法则

086 **01** · 网格排版	110 **07** · 重复
090 **02** · 整理要素	114 **08** · 三角形构图
094 **03** · 对称	118 **09** · 按时间序列排列
098 **04** · 对比	122 **10** · 引出线
102 **05** · 分割	126 **11** · 合乎目标的文字排版
106 **06** · 图像中置	

动势

134 **12** · 文字混合排版	146 **15** · 通过数字增加韵律感
138 **13** · 裁剪图片	150 **16** · 设定角度
142 **14** · 自由版面	154 **17** · 塑造故事性

张弛有致

158   18·贴边裁剪

162   19·分别使用原版方形、贴边裁剪和轮廓裁剪三种方式

166   20·强调方式之一—— 颜色

168   21·强调方式之二——打破重复

172   22·线条

176   23·对比

视觉

180   24·分格

184   25·活用报纸式设计

188   26·活用对话框

192   27·拼贴

196   28·信息图例

目标对象

200   29·根据对象选择合适的字体

204   30·儿童类

206   31·生活方式类

208   32·商业类

210   33·网购商品类

212   电脑排版小知识

214   Illustrator基本操作

220   Photoshop基本操作

223   后 记

本书的使用方法

　　本书主要阐述了关于版式设计的各种知识。其中，第一部分和第二部分主要阐述了版式设计的思考方式和重要原则，第三部分则分别列举了五种类别的排版技巧（主题），结合实际案例帮助我们进行学习。

PART 3的阅读方法

主题名称　　　　　　　　　　　　　　　　　　　　　　　设计案例

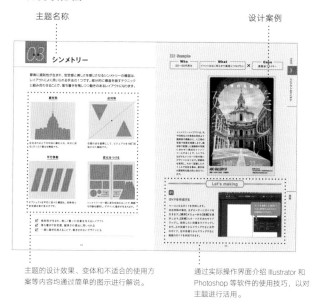

主题的设计效果、变体和不适合的使用方案等内容均通过简单的图示进行解说。

通过实际操作界面介绍 Illustrator 和 Photoshop 等软件的使用技巧，以对主题进行活用。

▶ 本书中所介绍的案例多是本书原创的，书中所引用的其他案例均在下方进行了标注。

▶ 阅读本书的读者须已掌握 Illustrator 和 Photoshop 的基本操作。

关于 Illustrator 和 Photoshop

本书的软件操作解说基于 Adobe Illustrator、Photoshop CC 2017/CS6 两个版本，操作界面为 Mac 版 CC 2017。

关于按键表述

本书中所使用的按键名称均以 Mac 系统为优先标准。例如 "option （Alt）＋移动鼠标"，这里圆括号（）中的内容则表示 Windows 系统中的替换按键。另外，对于 delete / Delete 、shift / Shift 、tab / Tab 等两个系统中相同的按键，本书中大小写的表达均以 Mac 系统为准。

Adobe Creative Suite、Apple、Mac·Mac OS X、macOS、Microsoft Windows 及其他在本书中所使用的企业和产品名称，均以各相关企业的注册商标为准。

版式设计
基础

（设计中最重要的 2W1H 法则）

/////

对象是谁？内容是什么？如何去做？
简单来说，这就是版式设计中最基础且最重要的事情。

版式设计是什么

为了将内容准确有效地传达给读者，最重要的就是在排版上下功夫。版式一般由文字、照片、图片等要素组成，内容整理和排版方式的不同对于读者而言可谓云泥之别。在版式设计中，我们首先应对各要素进行整理，了解其与版式设计的关联性，以及它们分别在设计中起到什么样的作用。

文字

在文字、照片与图片等要素中，文字对于内容的表达起着尤为重要的作用。我们需要记住各类文字要素的名称和目的。

正文

文章的主体，对全部内容进行详尽介绍，与其他的文字要素相比，字数较多，注意不要让读者产生压力。

概要

对内容进行概括总结，与标题和主旨相对应，读后能让人大致了解所要表达的内容。

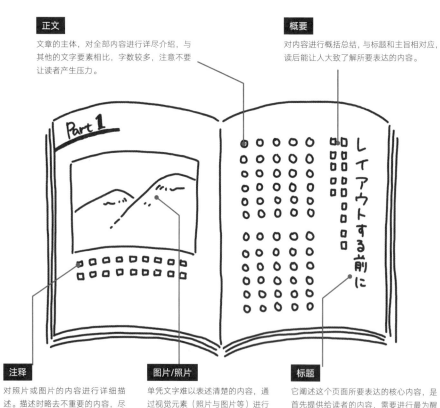

注释

对照片或图片的内容进行详细描述。描述时略去不重要的内容，尽可能简明扼要。

图片/照片

单凭文字难以表述清楚的内容，通过视觉元素（照片与图片等）进行表达会更有效。

标题

它阐述这个页面所要表达的核心内容，是首先提供给读者的内容，需要进行最为醒目的设计。

照片

即便是同一张照片，展示方式不同，图面含义也会大不一样。让我们以实际照片为例，看看展示方式的不同对于信息表达有多么重要。

裁剪

一边思考最想展示照片的哪一部分，一边进行裁剪，只留下必要的部分。如何将这个部分挑选出来是根据照片的内容决定的，其所要传达的信息应与图面的主题保持一致。

如果把注意力放在女性跑步的姿态上
→照片全貌可见

如果把注意力放在女性的表情上
→局部放大裁剪

形状

照片和图片所使用的形状也与其所呈现的效果密切相关。我们将长方形或正方形等四边形的布置方式称为"角版"，将裁剪为圆形的称为"圆版"，将沿着物体的轮廓裁剪的称为"轮廓裁剪"。

【角版】

【圆版】

【轮廓裁剪】

维持照片原样，不进行裁剪，让人感觉稳定且有安全感。

将照片裁剪为圆形会让人感觉更柔和。另外，当你希望图面有扩张感时也可以使用。

轮廓裁剪强调物体本身的形状，会使物体更容易突出，同时会使图面内容显得更加丰富。

×

青森産の農家が1つずつ丁寧に
育てた無農薬りんごを、
お世話になった方に
贈ってみてはいかがですか?

○

お世話になった方に
無農薬りんごを
贈ってみてはいかがですか

青森産の農家が1つずつ丁寧に
育てた無農薬りんごを、
お世話になった方に
贈ってみてはいかがですか?

甘くて安心安全無農薬

上面的案例中文字较多，阅读起来感觉比较困难；而下面的案例则将标题、概要与广告语整理得张弛
有致，从而使阅读更加容易。特别是广告语部分，通过趣味手法的处理而显得尤为醒目。

张弛有致　　如何对内容进行展示呢？我们需要对文字的大小、颜色等进行区分，核心内容须重点强调，这样才能表达出内容的层级关系。

装饰强调　　对于特别强调的内容，可以采用附加装饰的表现方式来突出其重要地位。

【Who×What×How】法则

　　版式设计的各种技巧都是为了将内容整理得更为浅显易懂，从而更加清晰准确地传达给读者。然而，在设计版式时只懂得排版技巧是远远不够的。我们必须首先了解传达的对象是谁、传达的具体内容是什么，在此基础之上，再去考虑具体的表达方式，如将重点信息用颜色标示出来，结合图片进行说明，或是就某一特点突出强调等。有效传达一定是从弄清楚向谁传达，以及传达什么内容开始的，我将首先对此进行解说。

对象？ ✕ 传达内容？ ✕ 如何传达？

只要将这三个要素进行准确的设定，版式设计的全貌自然就能够清晰地呈现在眼前。

一看就懂 = 易于理解的表现方式

想法成型后就可以开始确定表现方式了，要点是"将所想要表达的内容正确有效地传达给对方"。

准确传递内容！

1. 了解对象

对于版式设计而言，"Who"就是指你所要传达的对象。对于不同的对象，表达方式也应有所不同。因此，仔细分析并深入了解对象是非常重要的。

对 象 是 谁 ？

男性　　女性　　孩童　　老人　　学生　　主妇

根据性别、年龄、职业等将对象的范围缩小。如果没有确定具体的传达对象，设计很容易会变成大杂烩，缺乏针对性。只有将目标对象精准定位，才可能将内容真正传达给对方。

■ 为什么要在版式设计之前先进行对象分析呢？

根据对象的不同，设计也会有所不同，因此深入了解对象是一件十分重要的事。

例 1：面向 30~40 岁的男性	例 2：面向 15~25 岁的女性
ターゲットとは 选择与对象相适宜的字体	ターゲットとは 选择与对象相适宜的字体

面向 30~40 岁的男性时经常会选用有力量感的基础哥特体（日文中的哥特体与中文中的黑体相对应，后文不再逐一标注）。

面向 15~25 岁的女性时经常会选用较小的柔和的字体。

根据售卖对象的不同，商品价格也有所不同。为了达到更好的宣传效果，我们必须尽可能地了解对象的特质，如家庭组成、居住区域、兴趣、服装的偏好及喜爱的品牌等，通过对这些细节信息的收集整理来描绘出对象的具体形象。只要描摹出对象的具体形象，自然就会知晓应该采取的应对措施了。

具体描绘对象的形象

性别

年龄

职业

居住区域

嗜好

兴趣

喜爱的品牌

包包里放了什么？

生活方式

例3：面向小学生	例4：面向老年人
ターゲット とは 选择与对象相适宜的字体	**ターゲットとは** 选择与对象相适宜的字体
面向小学生时经常会选用较大且清晰的圆角字体。	面向老年人时经常会选用字形大而紧凑且清晰明确的明朝体（日文中的明朝体与中文中的宋体相对应，后文不再逐一标注）。

2. 明确所要表达的内容

　　明确表达内容并不是一件容易的事，如果表达内容不明确，就难以直击对象的内心深处。在大多数情况下，我们都会遇到"无法筛选出最想表达的内容"或"无法决定表达的优先顺序"等问题，而解决这个问题的关键就在于"原因"与"目的"。在此，我将会告诉大家明确内容重要性的诀窍。

为什么要表达？要表达什么内容？

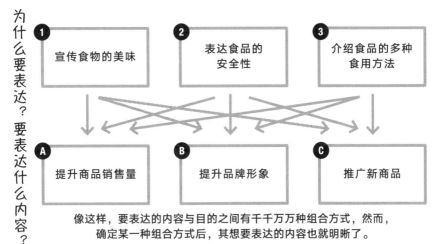

① 宣传食物的美味

② 表达食品的安全性

③ 介绍食品的多种食用方法

Ⓐ 提升商品销售量

Ⓑ 提升品牌形象

Ⓒ 推广新商品

　　像这样，要表达的内容与目的之间有千千万万种组合方式，然而，确定某一种组合方式后，其想要表达的内容也就明晰了。

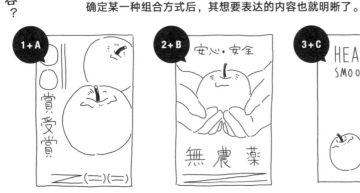

通过"荣获 XX 大奖"这一超大广告语，从证明美味的角度入手进行表达。

通过"安心安全"这一关键词和一双农民之手的特写来对内容予以呈现。

通过对冰沙食谱的介绍，表达苹果具有多种食用方法之意，由此引起对象的兴趣。

■ "Who"与"What"的组合

将 14 页内所介绍的"Who"与本页所讲述的"What"进行组合应用吧！
以下将以面向不同对象表达同一内容为例，介绍版式设计的区别 。

What?

表达营养价值

Who?

关注美容的 30 岁左右的女性

Who?

关注健康的老年人

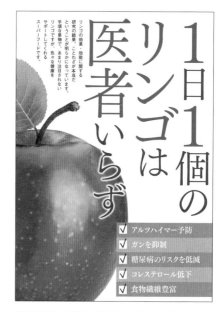

通过对美容效果的介绍引起对象的关注，使用柔和且具有透明感的色彩与手写体字体，使图面更具亲切感和女性特色。

以列举老年人易患的各类疾病和关注事项为核心内容，强烈表达了对"健康"的关注。另外，采用大号文字和沉稳色彩，也使标题具备良好的传达性。

3. 思考表现形式

在决定了向谁（Who）表达什么内容（What）之后，就可以考虑具体的排版方式了。排版时不仅要考虑是以文字为核心还是以照片为核心等整体性的大方向问题，还需要考虑色彩、字体及采用哪种技巧进行表现等问题，所有问题都必须进行统一考虑。

Step.1

决定优先顺序

首先，在决定对象和内容的时候就一并考虑好优先顺序。内容的表达是采用并列展示的方式好，还是用照片展示的方式好？这些问题一定要先想好，这样才能取得好的表达效果。

Step.2

粗略想象一下完成效果

先粗略想象一下完成效果，就不会偏离目标太远，进而能够继续顺利推进。如果对表达方式拿捏不准，可以将备选方案大致描绘一下，放在一起进行比较，这样就能轻易判断出哪一个更具魅力。

Step.3

思考表达方向

想象一下整体设计的大致感觉。为了与对象相契合，什么样的表现手法才能取得较好的效果，可以在杂志或者网上找一下资料，或许能帮你找到设计灵感。

想要参加活动

How

以照片为主体？

How

以文字为主体？

通过活动照片的放大展示进行视觉性表达。
这项活动是什么样的，活动内容包含哪些等，
都可以直观地展现出来。

为提高知名度，将活动名称用大字展示出来。
这样一来，即便是不了解这个活动的人，也
至少知道了有这样一个活动存在。

DREAM PLUS（梦想 +）宣传广告、杂志广告（纳普拉股份有限公司）2017 年

设计推进方法

关于表达的对象和内容，这两者通常都是与客户商议决定的。那么，该如何进行商议？商议决定之后又该如何推进呢？接下来将对此进行解析与说明。

商议的目的与技巧

一般来说，表达的对象与内容在确认了客户的意图之后就能明确。因此，反复倾听客户的诉求，深入了解客户的意图是非常重要的。而且，表达的对象和内容一旦确定，具体的表达方式（How）也就逐渐清晰了。

商议示例

设计师

您对海报广告有什么想法吗？

我希望能让对方了解这是一款可以放心给小孩子食用的果汁，果汁使用无农药苹果制作，广告的目标客户是有小孩的年轻妈妈。

客户

设计师

那关键词就是"安心安全"，那么在广告中使用大图幅的农民笑脸的照片如何？旁边配上"安心安全"的大字宣传语。

寻找关键词的方法

　　想要表达的内容太多，如果全部表现出来，反而会让人不知所云。其实，只要一直围绕所要表达的主题，自然就会发现所要强调的关键词了。

看见农民的脸庞
会让人更安心

无添加

婴儿可食用

xx 奖获奖商品

将图像具体化

　　确定关键词之后，就需要开始思考如何（How）对其进行具体的图像化表达，比如版面的空白处怎么处理，字体和色彩如何选择等，这些具体的图像化问题都必须一一确定。

看见农民的脸庞

安心安全、亲切感

富有亲切感的哥特体与温
暖的颜色

以下通过实际案例来展示设计的推进方法。这些方法正是对
前述所学内容的活用。

❶调查研究　确定对象，明确所要表达的内容和目标。

── Who ──

· 年龄：15~20 岁
· 性别：女性
· 职业：大学生、公司职员
· 对潮流十分敏感，非常关注美容
· 少女系 / 女人系

×

── What ──

穿浴衣时搭配相宜的发型和妆容，让人产生"有点害羞"的感觉

❷决定图面构成　如何表现出好的效果，首先需要粗略考虑下图面构成。

这项策划的内容是"在重要的日子里通过稍微特别的妆容而让自己显得尤为可爱"。为了让读者能够记住并实践流行妆容，我们向读者介绍发型和化妆的实际操作技巧。页面的构成简单分为上下两部分，其中上半部分为发型，下半部分为妆容，这种版式非常易懂，让人觉得很想模仿试试。另外再配上完成后的照片，让读者对于发型和妆容最终呈现出来的效果了然于胸。

❸决定先后顺序

由于杂志是向右翻页，于是我将标题放在右上角，以首先告知读者这项策划是什么，同时搭配大幅照片，以引起读者的注意，让他们想要继续了解详细内容。下半部分的各内容分版块进行整理，从左至右依次展示化妆的先后步骤。

Memo

用合乎读者视线移动的方式进行排版，以此来引导读者进行阅读。
随着视线的移动，依次将想要呈现给读者的内容进行展示。

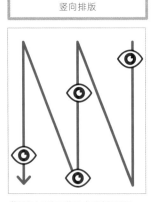

横向排版	竖向排版

遵循自左至右下的 Z 字形流线排版，一般多见于向左翻页的书籍或网页排版。

遵循右上至左下的 N 字形流线排版，一般多见于日本的小说和报纸等读物。

❹ 搜寻关键词

稍微特别的   绝好的

          与浴衣相配的

想要模仿的   可爱的

❺ 将图像具体化

想要模仿的   可爱的

↓   ↓

亲近感   女性化的

↓   ↓

选用有亲切感   选用有少女感的 script 字体 (花式
的哥特体   字体),加大字间距显得更悠闲

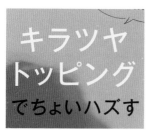

即便选用了有休闲感的哥特体,也要
注意将笔画变细,加大字间距,从而
使图面富有女性化特色和奢华感。

小标题采用让人感觉有朝气有活力的
script 字体,设计成弧形更能表现女性
化特色和柔美感。

纵向排版篇

纵向排版一般用于文字较多的版式设计中

采访、对谈

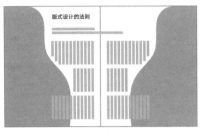

在采访和对谈中常使用的版式，通过对比加强对话感。

文字置于中间

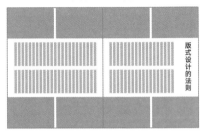

通过将照片置于上下而文字置于中间，可以使人的注意力集中于文字部分。

裁剪照片

大胆将照片进行纵向裁剪，可以让读者感受到魄力并产生威风凛凛的印象。

照片环绕

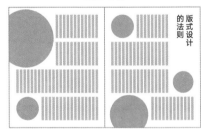

文字因照片的环绕得到强化，同时可以降低对读者的干扰，使阅读顺利进行。

和风设计

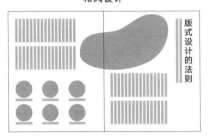

纵向排版与传统和式设计相宜，留有余白更显柔和。

内容繁多的读物

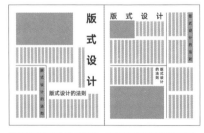

日语的文字多为纵向形式，因此对于内容量较多的读物，选择纵向排版更能契合读者的视线移动方向。

商业计划书

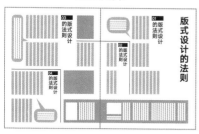

对于商业计划书而言，要想将较难的内容简易地呈现给大众，也要经常用到纵向排版。

简洁

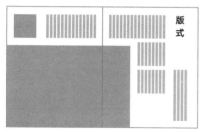

对于随笔之类的希望读者去阅读的内容，最好能采取简洁的版式，尽量避免过于复杂的设计对读者造成干扰。

封面标题

用于书籍和杂志的扉页，会让人感觉到强有力的设计感和说服力。

纵横混合排版

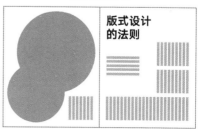

正文内容采用纵向排版，但标题和纲要等采用横向排版的案例也很常见。

老店铺商品名录

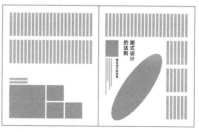

纵向排版与具备历史感的设计更相宜，经常在老商铺的商品名录中使用。

韵律感

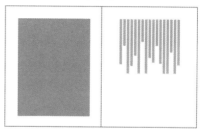

对于诗集之类希望读者能够感受文字韵律之美的读物，也经常会采用纵向排版。

横向排版篇

横向排版多用于图像较多的版式设计中。

沿着物体外形排版

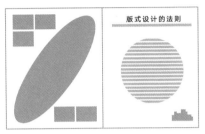

当需要沿着物体外形（如圆形）进行文字排版的时候，横向排版的自由度更高，表现力更好。

陈列照片

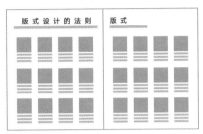

当进行多个照片的排版设计时，多使用横向排版的标题或文字说明。

文化杂志

虽然日本的书籍多采用纵向排版，但是在随性的文化杂志和流行杂志中也常采用横向排版。

裁剪照片

对开页设计的超大照片能够创造横向流动感，使版面张弛有致。

时间序列设计

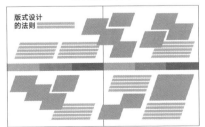

在年代表和时间表等排版中，照片和图片的数量较多，使用与时间轴平行的排版方式会更便于读者阅读。

轻快的图像

对于如料理食谱之类让人感觉轻松的内容，采用横向排版更加合适有效。

合乎图面趋势

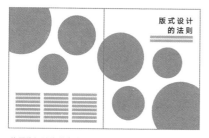

将图像设计为横向流动的形式，横向排版效果更好。

内容繁多

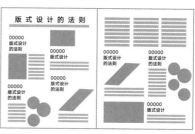

对于需要罗列大量商品信息的商品册，横向排版方式更合适。

集合要素

对于汇集了许多照片的版式，加入横向标题会给人以汇总感。

使用引出线

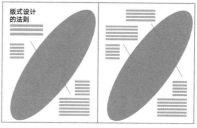

使用引出线对照片进行注释说明的版式设计多采用横向排版。

目录的设计

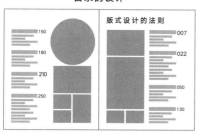

从右翻开的纵向排版书本中，数字和英文常常会产生混乱，若采用横向排版，阅读起来会更为容易。

同级要素

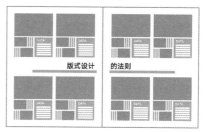

类似导览图等需要将各个店铺的信息并列展示于读者面前时，也经常会使用横向排版。

网页排版篇

与纸媒不同，在网页排版中更重视目标是否明确，操作是否便捷。
网页设计的好坏将极大影响客户的访问逗留时间和转换率。

顶部导航型

最常见的网页形式。将左右导航栏的位置全部占满，
设计大胆，效果显著。

左侧导航型

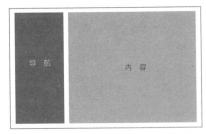

对使用者而言清晰明确，操作便捷。多用于页面较多
的网页设计中。

反 L 形导航型

局部导航内设有标签和广告等，在博客和商业网站中
经常见到这种排版方式。

独立柱条型

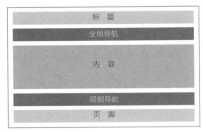

这种排版方式弱化了对视线的引导，从而使使用者对
内容的关注度更高。

多栏型

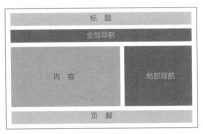

广泛应用于商业网站、博客与社团网站中，最常使用
的是两栏型。

全屏式

全屏式图像能够产生巨大的视觉冲击力，常用于宣传
活动等网页的设计中。

纵向三栏式

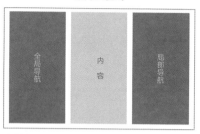

在博客和新闻网页等内容较多的网页中，这种排版方式更加清晰易懂。

网格排版

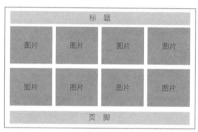

将图像沿网格进行排版，整个页面看起来干净清爽，展示效果较好。

新闻、信息整合类网站

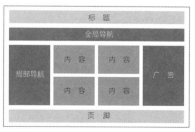

因为内容量大，这类网页设计常将版面主体分为若干个小块，使用起来会更加便利。

倒 U 形

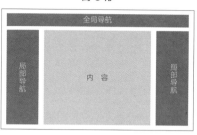

适用于导航要素较多的网页设计，后期若需要继续增加导航内容，修改起来也相对容易。

留白式排版

大量留白的排版手法常用于信息单一的网页设计中，它能将使用者的目光紧紧集中于内容本身。

商业网站

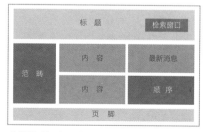

边栏的设计可以帮助使用者选择商品范畴，这种排版方式多用于商品检索中。

版式设计
原则

3 个关键词与 8 种设计手法

/////

版式设计有其固定法则，
下面我将以 3 个关键词和 8 种设计手法，对此予以具体解说。

3 个关键词及其目的

1. 易读性

内容更容易理解

2. 识别性

视觉更容易识别

3. 可读性

文字更容易读取

易读性

　　易读性是版式设计中一项非常重要的要素，对于读者能够迅速理解相关内容起着至关重要的作用。那么，如何进行版式设计从而将你所表述的内容和含义正确传达给读者呢？在此，将以"分组""线""对比"3种手法为核心，向大家阐述版式设计的基础。

分组

　　如果只是将文字和图片等随便排在一起，就难以正确传达所要表达的内容。在进行版式设计时，我们应该将关系密切的文字与图片放在一起，而将关系不甚紧密的元素远离放置。经过这样的"分组"，读者就能够轻易判断出内容之间的关联性。在版式设计的过程中，分组是首先需要进行的操作。

Step.1

整理内容

在开始排版之前，先将属于同一类别的内容进行分组。分组之后就不会给读者造成混乱，同时也可以将所要表达的内容进行整理。一般来说，内容信息量越大，读者对其进行理解的压力也越大，因此分组是一项非常重要的工作。

Cake、Drip、Cookie Latte、Tea Latte、Strawberry、Caramel Darjeeling、Earl Grey、Berry、Chamomile Milk、Chocolate、Mocha、Cinnamon、Whip、Vanilla	▶

Drip、Latte、Caramel、Strawberry、Mocha	Coffee
Darjeeling、Earl Grey、Tea Latte、Berry、Chamomile	Tea
Cake、Cookie	Sweets
Milk、Chocolate、Cinnamon、Whip、Vanilla	Topping

这里以咖啡厅的菜单分组为例，菜单上将餐品分为咖啡、茶、甜点、配料四大类，这样更有利于读者理解。

Step.2

将关联性强的内容放在一起

接下来，将分为四组的内容进行排版。排版时将关联性强的文字和图标靠近放置，这样能够进一步突出所要表达的内容，帮助读者理解。

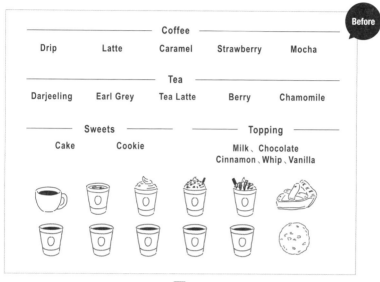

Before

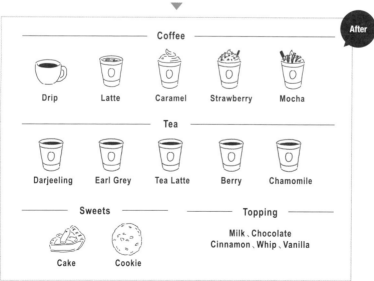

After

Step.3

活用留白进行版面分组

如果将图标与文字均匀排列，各组别之间界限不清，就容易使读者对分组情况产生疑惑，进而难以掌握所要表达的含义。因此，我们在排版时应将关联性强的内容靠近放置，而将关联性弱的内容远离放置，这样通过留白来对内容进行划分，更有助于读者理解整体架构。

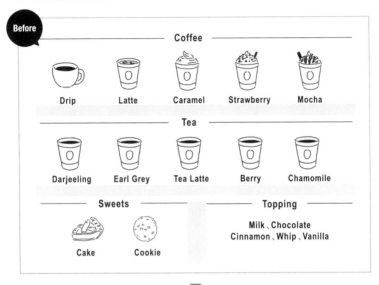

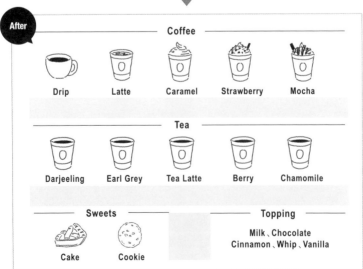

版面须易于理解

在左边的案例中，文字与图标距离较远，这样就很难意识到文字其实是图标的说明。因此，将内容同属一组的文字和图标就近放置是十分必要的。

使关联性弱的内容相互远离

Drip

濃厚で酸味と苦味のバランスが優れた
当店秘伝のスペシャルブレンドです。

Latte

リッチなエスプレッソに、濃厚なミルク
を加えた人気のラテです。

Drip

濃厚で酸味と苦味のバランスが優れた
当店秘伝のスペシャルブレンドです。

Latte

リッチなエスプレッソに、濃厚なミルク
を加えた人気のラテです。

即便是在版面仅有文字内容的情况下，明确标题与其所对应说明的从属关系也是非常重要的。例如，在左边的案例中，分组之间的间距比标题与其对应说明的间距更近，就会降低分组感，造成读者难以理解整体内容。

分色

通过对关联要素使用同一种颜色标识进行分组，也能够将其与其他内容区别开来。例如，在书籍等纸质媒体中，通过对每个章节内标题颜色的设计，可以帮助读者很容易判别出每页所刊载的内容属于哪个组别。

将同属一个组别的内容用同样的颜色加以标识，就能使读者很快意识到它们之间的关联性。这就是"分色"的力量。分色是一种非常有效的分组方式。但是，如果文字的色彩过多，反而会分散人的视觉焦点，让读者难以沉下心来进行阅读。因此，我们在使用这一方法的时候必须尤为注意，需要考虑其所产生的效果是否能尽如人意。

> 分色能明确区分
> 不同组别

当同一组别内的内容差别较大、内容也较难理解时，可以将标题附近的文字与标题设置为同色，这样就可以强化与其他组别内容之间的区别，同时也能减轻大片文字给人带来的黑压压的印象。

当使用图像来进行表达时，例如想要表达
区域划分时，如果仅通过量级不同的线来
进行划分，还是比较难懂。

像这样，运用不同的颜色对四国、关东、九州等地进行区分，这样
的区域划分示意地图就更加清晰易懂。

RULE

2

线

当所要表达的内容繁多且构成较复杂时，仅仅通过上述"分组"方法，往往难以达成理想的效果，这种时候就需要我们在设计中活用"留白"这一"看不见的线"来对内容进行分组、对齐。

暧昧会给读者带来不安

分开还是合并？对齐还是错开？暧昧的版式设计会给读者造成困扰。

分开

当版式内汇集了很多内容要素时，如果过多地使用线框和色彩等划分手法，容易造成单个内容过于独立，而使得内容的优先顺序不清晰，从而造成读者阅读困难。在这种情况下，我们应当将关联性强的图像和文字之间用较细的"看不见的线"进行划分，而将关系弱的元素用较粗的"线"进行划分。这种通过"留白"进行内容划分的方式，可以清晰地体现出各个内容的层级和组别，从而使读者能够轻松快速地识别内容。

在左边的案例中，各个文字与图标之间的空隙都是相同的，这样一来就难以判别每个文字究竟与哪一个图标相对应。而在右边的案例中，相应文字与图标之间的间隙这一"看不见的线"较小，而上下两组内容之间的间隙较大，这样版面的内容划分就非常清晰。

线的量级相同   **线的量级不同**

在考虑图片与文字等内容之间的间隙时，若文字与相应图像之间的间隙过大，则容易使读者理解混乱。而若将关联性强的文字与图像靠近放置，同时与其他要素之间通过更大的留白（看不见的线）进行划分，读者就自然能够轻松理解。

对齐

当我们需要将大标题、小标题、正文、照片、注释等内容汇总在一起时，首先应确定一条"看不见的线"，以此来确定正文的起始位置、照片的图幅大小等。"整齐有序"能让版面更有稳定感，对人视线的引导也会变得更容易，这样读者就不容易产生混乱。

在左边的案例中，文字和配图的大小、位置关系等较为随意，这样就难以判定配图与文字之间的关系。对右图中标题的位置、配图的大小及正文的起止点等都加以限定整理，具有稳定感。苹果派与饼干的配方内容相互独立、信息明确。这种通过"看不见的线"将要素进行综合排版的方式，是版式设计的基础。

照片和文字左对齐

在右边的案例中，包含标题、副标题、文字、多种大幅照片等各类元素，在进行排版的时候，只要将文字和照片的位置、大小等按照一定的对齐方式进行排版，即使内容元素较多，也不会使人感觉混乱。

EYE

パールライナーでまつ毛と
ラインを飾りつけ

ツヤ感が出るアイシャドウでまぶたに陰影を作り、まつ毛とラインに輝きをプラスすれば、まばたきのたびにきらめく目元に。A キッカ ミスティック パウダーアイシャドウ EX30 5,500円+税／カネボウ化粧品(8月17日限定発売) 上品なツヤ。B ティアアイライナー WH901 850円+税／エチュードハウス パール入り。

Aの左の上下2色を混ぜてまぶた全体に、Aの右の上下2色を混ぜて二重幅と涙袋にのせる。黒ラインは引かずに、上まつ毛に黒マスカラをON。目尻1/3をBラインを引きまつ毛の先にもBをON。

对齐文字

易于阅读

左对齐

人的视线通常为从左至右，因此如果使用左对齐方式，人们阅读起来就会感觉较为轻松。另外，左对齐也会给人清晰明了的感觉。

保湿コスメセット
大人気の保湿コスメセットを今なら20%お買い得です。

优雅有致

居中对齐

内容集中，可以引导人的视线自上而下移动，居中对齐的设计方式给人以纤细感和高级感。另外，这种排版方式非常适合用于无明确边界的图片。

保湿コスメセット
保湿コスメセットお買い得12月末まで

设计新颖

右对齐

与左对齐相比，右对齐设计会显得文字紧密度不足，但对于宣传海报等文字较少的版面而言，右对齐的设计更加别致新颖。需要注意的是，采用右对齐设计时，应尽量避免在标点符号处换行，否则会显得不够整齐。

保湿コスメセット
保湿コスメセットお買い得12月末まで

留白空间一致

如右侧案例所示，食谱的内容分为两部分，排版时应设定一个原则，即使各自的文字和插图之间的间隙相等。有了这一共通性，便可以轻松判断这个食谱分成了两组。若是留白的空间没有按照统一原则进行设计，内容就容易显得杂乱无章。

アップルパイ

りんご　　砂糖
パイシート　水
バター　　卵黄

クッキー

薄力粉　りんご
牛乳　　卵
バター　塩

使用线条

当需要清晰地展现各组内容的关联性时，使用线条是一种非常有效的方式。然而，一旦使用了线条，也就增加了内容的要素。如果不慎重处理线条的量级、颜色、线性及线与其他要素之间的间距关系等，就很容易给读者复杂混乱的印象。

当各个组别内的内容量差异较大、要素也较为复杂时，会更容易造成各组内容之间的界限暧昧不清。在这种情况下，通过线条来对内容进行划分就会使界限非常明晰，对于读者视线的引导也会更为容易。

善用图框

对于摘要和短评之类有助于表达主题的内容，使用图框进行表示，可以起到引人注目的作用。

使用图框，
更加醒目！

使用图框进行内容展示是一种很有效的方式。但是，如果将所有的元素都通过这种方式进行展示，版面的最终效果就会变得像"水田"一样，这一点要特别注意。

易读性

线

请注意右下角的"Set Drink"。在上面的案例中，"Set Drink"菜单的存在感较弱，而在下面的案例中，用线框将饮品菜单与主菜单区别开来，很容易引起读者的注意。

RULE

3

对 比

想要快速表达内容要素，可以尝试借助色彩的力量。通过增加颜色来寻求变化是很简单的操作，但在使用时仍应注意不要一味增加无用的颜色，而应巧用色彩间的对比差异性来进行展示，这样才能做出可读性较高的版式设计。

オープニングスタッフ募集！

明るくアットホームな職場で一緒に働いてみませんか

募集要項

勤務時間：9:00〜17:00、週3日〜OK、土日祝日大歓迎

【資格】高卒以上　未経験者歓迎
【待遇】各種保険完備、制服貸出、食事割引、交通費全額支給

まずは履歴書を送付してください。面接の場合はご連絡いたします。

难以读取内容

在上述案例中，虽然对文字和留白的大小都有所考虑，但是整个版面使用了同样的颜色，从而使内容的可读性降低。

运用对比的效果

在左边的案例中，虽然通过颜色的变化体现了差异性，但是使用的色彩过多，让人感觉不够沉稳。与此相比，在右边的案例中，通过色彩明度的变化来体现差异，整个设计更具统一感。一般来说，色彩的数量以不超过三种为宜。另外，色彩浓度不同所呈现的效果也不同，因此明度为 10% 的粉色与明度为 50% 的粉色应算作两种颜色。

オープニングスタッフ募集！

明るくアットホームな職場で一緒に働いてみませんか

募集要項

勤務時間：9：00～17：00、週3日～OK、土日祝日大歓迎

【資格】高卒以上　未経験者歓迎
【待遇】各種保険完備、制服貸出、食事割引、交通費全額支給

まずは履歴書を送付してください。面接の場合はご連絡いたします。

强弱对比，才能明确主体内容

不同颜色的对比可以使整体内容清晰有序，读者自然能很快理解主要内容。

POINT. 4 **重要内容可变换背景色以进行强调**

BODYのトリセツ

ブリ♠クラに直撃！

池上翔クン
［プリ♠クラ
東洋大学3年］

宇賀由馬クン
［プリ♠クラ
立教大学4年］

庄司優太クン
［プリ♠クラ
明治大学3年］

田淵嵐生クン
［プリ♠クラ
中央大学3年］

明珍隼人クン
［プリ♠クラ
昭和医療大学3年］

若林哲生クン
［プリ♠クラ
上智大学2年］

「Rayの取材日を見たり、実際にキャンパスで見かける女のコを思い出したりしながら、真剣にキメキポイントを考えてくれました！」

VOICE
01

ブリ♠クラ　池上クン　宇賀クン　若林クン　が証言！

カーデを脱いだときの
二の腕に目がいっちゃう

白くてハリのある
女性らしい二の腕が
理想的。
（プリ♠クラ　宇賀由馬クン）

» **ほっそり二の腕で**
"かよわい女のコ"をアピール

ニットやアウターで隠れていた二の腕も、披露する機会の増える初夏。パーツ用のスリミングクリームを使ってマッサージをし、線の細いすっきりとした美ラインをメイクしましょう。

上着を脱ぐしぐさに
ドキッとする。
（プリ♠クラ　池上翔クン）

しなやかな細腕は
守ってあげたく
なっちゃう。
（プリ♠クラ　若林哲生クン）

How to Make

1　凝り固まった脂肪をもみほぐす
手のひらをパーにして二の腕をおおうようにつかみ、全体をまんべんなくもみほぐす。

2　わきに向かって老廃物を流す
ひじ裏からこの腕の内側を10回くらいマッサージ。イタ気持ちいいくらいの強さで。

3　わき下のリンパを強く押す
わき下のリンパ節を2、3回程度プッシュ。血行循環をよくしてすっきり二の腕に。

白キャミソール 3,900円＋税／
COCO DEAL［ココディール］

ほっそり二の腕をつくる　**スリミングコスメ**

A イントラダーム セル 125ml 7,500円＋税／マリコール（4月28日発売予定）　血行を促進するところで、気になるパーツの凝め込み脂肪を燃焼。B ネットシェイプバーニングクリーム 130g 3,300円＋税／ドクターシータボ　夏の肌悩みよる血行不良やむくみ解消にも効果的。C クロノロジック マンスール 125ml 15,000円＋税／ギノーボリハリすばやく効果を実感にいつも満足できる。短期集中型スリミングボディクリーム。D クレーム マスヴェルト 190g 8,000円＋税／クラランス　脂肪分解だけでなく、肌のキメを整えてハリのある美BODYへも導いてくれる。

グリーンカーディガン 3,900円＋税／dazzlin　白ニットキャミソール 8,900円＋税／Marbee　ブレスレット 1,800円＋税／アネモネ（サンポークリエイト）

ブツブツケアも忘れずに！

ニノキュア［第3類医薬品］30g 1,200円＋税／小林製薬　毛穴の角質詰まりが原因のザラつきを改善。

薄着の季節に気をつけたい肌表面のザラつき。毛穴の角質詰まりをケアしてスベスベに。

Ray 112

明暗

　　明度的终极表现形式是白色。如果想要突出强调的内容有很多，使用与任何颜色都相适宜的白色，就不会对设计产生破坏。

将表达身体部位的文字用很浓的粉红色进行强调，下部的文字内容则用与任何颜色都可搭配的白色进行表示，这样就不会对设计产生任何干扰。同时，使用粉红色的描边与上部文字进行呼应，整个页面显得很有整体感。

温度

　　每个颜色都有其特定的温度。比如红、黄是暖色系，蓝、绿是冷色系。将某种颜色的对比色应用于所要突出表达的内容，能够取得很好的效果。

采用暖色为主色调，通过冷色系对比色的应用，可以起到很好的强调效果。案例中，特辑的标题和编号通过图标式的设计，呈现出非常醒目的效果。

浓淡

不同浓度的同一颜色也能起到区分的效果，颜色越浓，越容易引起读者的注意。因此，可以按照内容的重要程度，结合不同浓度的色彩进行表达。

右上角的"瘦身化妆品"的设计背景与其他角落的背景通过粉色的浓淡来进行区分。另外，因为显眼的内容会被优先阅读，所以同时采用了彩带的设计对读者进行引导，从而使重要内容更加醒目。

背景

加入背景颜色能够使相应的内容得以突显，白色背景也算作一种颜色。

案例中，标题部分使用了粉色背景，与其余白色背景部分一对比，自然就突显了出来。标题所使用的白色文字，也使用了粉色的发光描边，与其他常规字体共同使用，从而使图画更加丰富。

识别性

　　对于版式设计来说，识别性是指所表达的内容在视觉上更容易为人所理解。比如，对于超市的传单而言，若采用识别性较高的设计，则很容易快速传达"A店铺更好更便宜"的印象。

张弛有致

　　图面张力的形成源于对比。将各个要素的大小、色彩等通过变化予以突出，巧妙利用由变化而产生的违和感，这样就能让读者迅速理解所要表达的内容。

美しいレイアウトデザイン
メリハリのあるデザインは、見やすいデザインである。

美しいレイアウトデザイン
メリハリのあるデザインは、見やすいデザインである。

通过张弛有致的图面，强调想要突出的内容最为有效，这样可以让读者更容易理解所要表达的想法和观点等。加强图面张力的方法有很多，比如将尺寸变大、更改颜色等。在实际操作时，可以根据具体设计的需要而采取不同的方法。然而，需要注意的是，如果变化处理过头，呈现出的效果就不是张弛有致，而是会变得凌乱不堪。

关于加强图面张力的方法

尺寸

当标题与正文的文字大小相差较大时，文字的内容更为突出；反之，当差别较小时，文字的内容则不太突出。由此，我们可以将希望读者注意的文字尺寸加大，这样就能够产生对比，从而得以突显。

通过文字的大小来形成差异

将价格用大字表示，使其变得显眼，而且也会让人感觉到强烈的动感和力量感。这种手法常用于以价格为主要卖点的商品广告中。

色彩

改变文字的颜色来进行突显，常用的颜色包括经常被用于标识色彩的鲜红色、明黄色等。这种突显源于前后文字的对比，因此在使用时要注意与其他文字之间明度和彩度的对比关系，在进行色彩设计时尽量使用对比色。

通过改变文字的颜色来进行强调

虽然文字的大小相同，但是将重点强调的文字换成醒目的鲜红色，起到了将所要表达的内容快速便捷地传递给读者的效果。

背景

这种方法是将整体版面的背景色、明度和彩度等使用对比色进行强调，具体使用时可以将部分区域单独设定为不同的颜色，由此产生强烈对比，以突出存在感。这个方法常用于邮购广告和商品说明中。

通过图框来强调存在感

对特别的内容使用明度不同的背景色进行处理，这样可以形成明显的差异。通过加强图面张力，呈现出这部分内容仿佛要浮出图面的效果。

量级	字体	单点图案
对于关联度较高但表现强弱不同的内容，可以采用不同量级的字体，这样就能呈现整齐有致且层次分明的效果。尤其是当设计要素较多时，这种方法可以减少字体的种类，使整体效果更加完整统一。	当我们想要突出表达某些内容时，可以通过使用观感不同的字体来实现，比如在基础字体中加入手写体等。这种方法与单单调整字体量级相比，更能达到强调的效果。字体的变化会产生动感，因此这一手法更适用于图面丰富热闹的设计。	当所要强调的内容较多时，可以使用不同手法进行组合。除了改变字体和颜色等之外，还可以加入一些其他的技术手法，这样做成的设计作品就不会显得单调。例如在商品广告中经常使用"炸弹图案"这一手法进行配合设计。

对关联度较高的内容很有效	将所要强调的内容通过不同的字体进行差异化处理	要素较多，通过设计提升效果

| 对关联性较高的内容使用同一字体，在视觉上更容易将其联系起来。同时，通过改变其量级，在同一组内也可以呈现内容有差异的效果。 | 通过改变字体使所要强调的内容得以突显，从而易于理解。如果能同时配合大小和粗细变化等手法，就能产生更为强烈的对比，阅读起来也更为容易。 | 单点图案与短语更协调。为了让读者能够瞬间领会所要表达的内容，需要对其配色的突显度、大小、形状等进行反复调整。 |

ナチュラル・ハーバル・エッセンス　天然ハーブで優しさと安らぎを。

天然ハーブの力で
透明感
ある肌へ

ホホバ
オイル

ローズ
マリー
精油

ジンジャー
精油

3つの天然成分配合で、
優しさと安らぎをあなたに。

天然成分 ✕ うるおい ✕ 安らぎ

天然成分オイル配合のスキンケアで、気持ちの良い毎日をお届けします。ストレスによる肌荒れ、くすみ、乾燥にお肌の内部層から深く働きかけます。お肌の陰影が気になり始めた方にもエイジングケアとして最適です。

まずは、10日間お試しください!
ナチュラル・ハーバルエッセンス
トライアルキット

● エッセンスオイル美容液
● ローション
● ナイトマスククリーム

初回限定　送料無料

今だけ
100セット
限定!

13,300円が
特別価格 9,800円(税込)

購入する

有机化妆品/登录页面

左图是有机化妆品网络销售的登录页面，产品以40~50岁的女性为销售对象，这个页面是为了促进产品的售卖。

大小

在表述商品特点的同时，将关键词"透明感"放大，起到突出强调的作用。

颜色

对价格的强调。在改变字号的同时，选用了设计中最为突出的色彩进行标识，与其他基础色形成了强烈的对比。

背景

まずは、10日間お試しください！
ナチュラル・ハーバルエッt
トライアルキット
●エッセンスオイル美容液
●ローション ┌────┐┌──
●ナイトマスククリーム │初回限定││送
└────┘└──
~~13,300円が~~
特別価格 9,800円
購入する

与商品印象和特点的描述部分不同，设计将价格部分的背景进行了单独处理，以便明确区分，勾起顾客的购买欲。

单点图案

对于想要表现出"特别告诉你"的内容，使用圆点图案进行展示的手法，可以达到仿佛浮于眼前的效果。

量级

ナチュラル
トライアル
●エッセンスオイル
●ローション
●ナイトマスククリー

不同量级的同一字体可以体现内容的层级关系，从而一眼就可以判断出"商品名称"与"套装内所包含的各个商品"之间的关系。

字体

まずは、10日間お
ナチュラル・
トライアルキ
●エッセンスオイル美容
●ローション

在以哥特体为中心的设计中，将想要直接传达给客户的内容改用明朝体予以突出。

POINT

▶ 当商品的特征或引起人们兴趣的点较多时，设计手法应按照大小—颜色—背景的先后顺序进行处理。

▶ 特别想要对顾客表达的内容和信息等，应通过单点图案、量级和字体的变化进行强调。

自如运用字体家族

通过文字的量级来形成对比这一手法，看起来容易，但实际操作起来并不容易。大部分的日文和英文字体都是由一系列量级不同的"家族"组成的，我们需要在整个系列家族中选取量级适宜的字体，这样才能在保持统一感的同时产生强弱对比。

【 Helvetica 字体系列 】

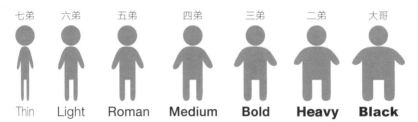

七弟	六弟	五弟	四弟	三弟	二弟	大哥
Thin	Light	Roman	Medium	**Bold**	**Heavy**	**Black**

一个系列的字体就仿佛一个家族一般，既保有共性，也拥有各自的特点。

Helvetica 字体家族	Gill Sans 字体家族	小塚明朝 字体家族
Helvetica	**Gill Sans**	**小塚明朝**
Helvetica	*Gill Sans*	小塚明朝
Helvetica	**Gill Sans**	小塚明朝
Helvetica	Gill Sans	小塚明朝
Helvetica	*Gill Sans*	小塚明朝
Helvetica	Gill Sans	小塚明朝

使用同一家族系列的字体虽然能保持统一感，但是同时也失去了动感，略显平庸。而且，即便是同一家族系列，如果使用的种类太多，同样也会造成混乱，因此一般使用 2~3 种是较为稳妥的方式。另外，量级不单单是指字体的粗细不同，同时也包含"轻巧""轻快"等细部设计感的不同，使用时需要多注意细部设计。

☑ 不能使用太多粗细不同的字体，以2~3种为宜。

☑ 可同时实现内容的统一感和对比性。

Watch
New Model
シンプルながらも高級感のある
防水電波時計シリーズ

Watch
New Model
シンプルながらも高級感のある
防水電波時計シリーズ

在上面的案例中，图面缺乏对比，因此缺少吸引力。而在下面的案例中，虽然依旧使用了同样的字体，但是由于量级的不同产生了对比，因此很容易传达这款商品为"防水电波手表系列"，加粗的"Watch"一词也很好地展现了手表的力量感。

跳跃度

如果所有新闻标题的大小都一样，就难以辨别出哪一条才是头条新闻了吧？在设计时，改变想让人注意的文字或照片的大小，就自然会吸引人们的注意，这种变化效果决定着设计给人的第一印象。那么，接下来就让我们一起学习与目标相适宜的跳跃度吧！

HONOLULU MARATHON
12.10 am5:00Start!
エントリーはこちら

低跳跃度

一眼看去很难理解所要表达的含义，图面也缺乏张力。

什么是跳跃度？

大的要素与小的要素之间尺寸的差别即称作"跳跃度"。差别越大则"跳跃度"越高，由此而生的动感会让图面显得张弛有致。相反，差别越小则"跳跃度"越低，会让人感觉安静平稳。这是一种会极大影响读者感受的要素。

<u>高跳跃度</u>

富有活力，标题很容易映入眼帘。

私 の 時 間 を 駆 け 抜 け る 。

私の時 間を 駆け抜 ける

改变印象

仅凭跳跃度的变化，就能让图片产生截然不同的效果。你是希望给人生动有活力的印象，还是希望给人稳定高级的印象，这些都可以根据目的的不同，采取相应的跳跃度来表现。

低跳跃度

☑ 稳定、知性、认真

☑ 优质、高级感

☑ 细语般安宁

因留白十分充裕，置于其间的文字虽小，但也足够引人注意，从中可以感觉到认真、安宁。

高跳跃度

☑ 有元气、有活力

☑ 传达力强

☑ 动感、跳跃感

将文字在纸面上尽量加大，由此增加魄力。可以感受到强大的女性力量和力量感。

Best of
running shoes

足は一日の中でも時間と共に大きさが変わる部位である。
最も大きくなるのは15時頃で、
起床直後と比べて体積が約19％大きくなる。

これから、ジョギングを始めるあなたに

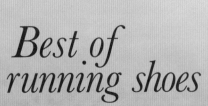

これから、ジョギングを始めるあなたに

Best of
running shoes

足は一日の中でも時間と共に大きさが変わる部位である。
最も大きくなるのは15時頃で、
起床直後と比べて体積が約19％大きくなる。

照片的跳跃度

对于照片而言，并不是图幅越大动感就越强，如果将一张安静的照片放大，只会更加强调其安静的特质。因此，我们需要根据表达目的的不同合理进行运用。

低跳跃度

☑ 稳定
☑ 优质、高级
☑ 安静、沉稳

如果跳跃度降低，就会给人稳定安静的印象。通过人物锻炼的状态，使人的注意力集中在跑步的女性身上。

高跳跃度

☑ 有元气、有活力
☑ 干脆利落
☑ 动感、跳跃感

会产生干脆利落、富有活力的印象。将画面放大集中在双腿，从而让人的注意力也集中于此。

留白

对于版式设计而言，留白不仅仅是"空白的空间"，还是一项重要的设计方法。善用留白，可以引导人们的视线，对照片等视觉元素进行强调。让我们一起来看看留白的效果吧！

内容过于密集，让人感觉非常局促

版面的四边全部被内容要素占满，给人以狭窄局促的感觉。

什么是留白？

"留白"是指什么都没有的空白空间，虽说是留白，但其实不仅限于白色，即便是有颜色，只要其中没有任何内容要素，也是一种"留白"。一般而言，如果图面没有排满而留出空白，会给人散漫、单薄的印象，但若能善加利用，就能够产生诸如让人注意力集中于一点、内容被整理得更容易理解等各种各样的效果。

識別性 ｜ 留白

通过留白使照片和文字都得到强化

像这样通过留白给眼睛一些放松的地方，会让读者感觉更加轻松惬意。

视线 | 控制

文字虽小，但将其置于广阔的留白之中，同样也能成为设计的主角，这就好比在宽阔的演奏会舞台上站着一个人，他与管弦乐团内的一个人相比更加显眼一样。对优秀的设计而言，留白的效果是无可比拟的。

稀疏的版面引人注目

在气球前面放置文字，吸引人们的注意力。

空旷感 营造

不假思索地乱用留白容易破坏图面的平衡感，给读者散漫的印象。例如，如果在图面四边全都堆积要素，就容易给人一种局促感。如果希望给人放松的感觉，就需要在图面中留有空白，这样能使设计更具开放感。

在视线的前方留出空白

将人物目光的前方留空，可以营造空旷的感觉。

可读性

可读性是指读取文字的容易程度。我们应时刻谨记，版式设计的初衷是为了让读者对文章的理解更快、更正确、更容易，不要给读者带来压力。无论多么好的设计，若不能将内容正确传达给读者，则皆为徒劳。让我们依次看看有哪些能够提高可读性的方法吧!

难读……

RULE

1

字体

　　常见字体有明朝体、哥特体等各种各样的字体。每种字体都有其特点，根据具体内容的不同，有阅读起来很容易的字体、阅读起来不容易的字体、适用于标题的字体及适用于长篇文章的字体等。若弄错字体的使用方法，就很难正确传递所要表达的信息。

选择字体的三大原则

明朝体、哥特体分开使用

理解明朝体和哥特体所代表的形象和各自的特征，
选择相宜的使用方法。

是否容易读取

有没有虽然很小，但是阅读起来并不困难的字体？
根据所使用的场合，选择效果适宜的字体。

选择合适的字体粗细

合理选择字体的量级，
根据你所希望的阅读顺序来控制读者的视线。

明朝体、哥特体分开使用

常用的"明朝体"和"哥特体"之间有很大的区别。字体有决定版式设计方向的重要作用。在此，我将根据不同字体在不同设计中所产生的不同效果，来展示各个字体的特点。

明朝体

☑ 清秀、雅致
☑ 严谨、正式
☑ 适用于大段文字

常用于印刷物，从早期一直沿用至今的通用性较高的字体，会让人感觉到优雅、别致、严谨、正式。这种字体纵向线条较粗而横向线条较细，整体干净利落，即便字体较小，也很容易辨认，常用于长篇文章。

哥特体

☑ 休闲
☑ 明快、年轻
☑ 识别度高，有力量

横向线条与纵向线条粗细一致，有很高的识别度，给人流行、随性、充满朝气的印象。若是用于面积较大、密度较高的文章内，则该字体会给人不同的印象。这种字体与英文更相适宜，常用于横向排版中。

根据不同的职责分别 使用不同的字体

明朝体

書はもとより造型的（
あるから、その根本（
て造型芸術共通の
。比例均衡の

明朝体

書はもとより造型的（
あるから、その根本（
て造型芸術共通の
。比例均衡の

哥特体

書はもとより造型的（
あるから、その根本（
て造型芸術共通の
。比例均衡の

哥特体

書はもとより造型的（
あるから、その根本（
て造型芸術共通の
。比例均衡の

在长篇文章中要使用细明朝体，以免看起来黑乎乎一片

明朝体的线的右端有称之为"鳞片"（衬线）的三角形装饰。明朝体有很多种类，其中较粗的明朝体具有很强的男性色彩。

即使相距较远也能清晰辨识

哥特体因识别性较高，常被用于快速浏览的网页和公共设施的告示板等地方，另外也常用于各类设计的标题和摘要之中。

3大会ぶりメダル

水泳男子団体「金」

全米水上選手権大会へ、これらの日本の若い精鋭が出場するようになったことは全日本の明るい関心をあつめている。合宿先である福田屋旅館の板前さんまでただごとならぬはりきりかたで、選手のかたは一日一里以上も泳ぐのですから、食事についても十分気をつけてと、ものおしみしない談話が新聞にのっている。その記事を四、五人の男が珍しそうに大切そうに顔をさしのばしてとりかこんでいる写真がある。そのまんなかで古橋君は若者らしく笑っている。

日本の水泳が世界記録を破るようになってから、日本水上聯盟はやたらに、そして不当に世界新記録を製造しすぎるようである。終戦後は殊のほか、それが甚しい。日本人、

报纸是最追求易读性的媒体。本文活用明朝体的特点，虽然文章篇幅较长，但实际阅读时读者感觉并不困难。另外，出于希望读者能够集中精力阅读较长文章的考虑，设计时并没有使用过多种类的字体。

3大会ぶり

水泳男子団体「金」

全米水上選手権大会へ、これらの日本の若い精鋭が出場するようになったことは全日本の明るい関心をあつめている。合宿先である福田屋旅館の板前さんまでただごとならぬはりきりかたで、選手のかたは一日一里以上も泳ぐのですから、食事についても十分気をつけてと、ものおしみしない談話が新聞にのっている。その記事を四、五人の男が珍しそうに大切そうに顔をさしのばしてとりかこんでいる写真がある。そのまんなかで古橋君は若者らしく笑っている。

所有文字的纵横线线型均一致，在面积较大的情况下，黑乎乎一片难以阅读，给读者造成压力。

易于阅读的文字什么样？

"明朝体"和"哥特体"仅为一种统称，其实它们包含很多的种类。你的电脑里应该也安装了各种各样或相似或独特的字体吧！在此，我想为大家讲述一下易于阅读的字体。

长文字体要简单

哥特体

書はもとより造型的のあるから、その根本原て造型芸術共通の必如七例均衡の制約。笉

哥特体

書はもとより造型的のあるから、その根本雨て造型芸術共通のつ。比例均衡の↑

独特的字体较难辨认

独特的字体有很多，但从理解性、识别性及可读性等各方面综合考虑来看，除了设计感较强的标题及意图不甚明显的内容之外，一般的长篇文章都不建议使用，以免造成阅读困难。如果想要长文的阅读更加顺畅，建议从哥特体和明朝体中选择较细的字体。有个性的字体一般作为一种亮点（详见 57 页）应用于封面、明信片及平面设计中。另外，这些字体也常用于 LOGO 和标题中，这样可以在文字较少的情况下产生丰富且热闹的效果。

使用可读性较高的字体

明朝体

書はもとより造型的のあるから、その根本雨て造型芸術共通のつ。比例均衡の

明朝体

書はもとより造型的のあるから、その根本雨て造型芸術共通のつ。比例均衡の

明朝体用于长文怎么样？

明朝体作为一种传统字体包括各种各样的形式。左边类似手写体的类型因笔画太粗，看起来黑压压的，实际应用在长篇文章中会让人感觉阅读困难。

哥特体

書はもとより造型的のあるから、その根本雨て造型芸術共通のつ。比例均衡の

哥特体

書はもとより造型的のあるから、その根本雨て造型芸術共通のつ。比例均衡の

哥特体用于长文怎么样？

哥特体虽看起来都很像，但有很多不同的形式，使用时一定要进行一定量的文字内容的试用比较，然后再进行选定。

易于理解的英文字体

layout
font

layout
font

无衬线体用于长文怎么样？

英文里的无衬线体即相当于哥特体，左边的示例字体形式虽圆润可爱，但"t"与"f"等字母在视觉上较难区分，若用于长文中，则会给读者带来压力。

LAYOUT
FONT

Layout
Font

衬线体用于长文怎么样？

英文里的衬线体即相当于明朝体，比较左侧的两个案例我们会发现，左侧的双线体设计感更强，但识别性较差，若用于长文会给读者造成压力。

选择适合的文字粗细

如果想要引导读者按照一定的顺序进行阅读，不妨试着改变字体的粗细。针对文章的重点部分，如标题等，改变其字体的粗细，就可以达到提高理解性和吸引力的双重作用。这是仅通过改变字体大小所无法实现的。

通过字体粗细

明朝体

书はもとより造型的あるから、その根本原造型芸術共通の公比例均衡の制約

明朝体

书はもとより造型的あるから、その根本て造型芸術共通の、比例均衡の

改变标题大小和标题字体的粗细

改变标题的字体粗细就可以进行强调。通过加粗，可以使读者认识到其重要性，从而根据你的引导顺序进行阅读。

RULE 2

色彩

　　当我们试图让文字和版面"更易读取""更易理解"时，考虑色彩的组合配置十分必要。另外，在图片上配置文字时，也需要进行色彩的考虑，通过色彩的合理配置从而让文字内容迅速突显，为此我们需要熟练掌握色彩的运用方法。

设定色彩对比

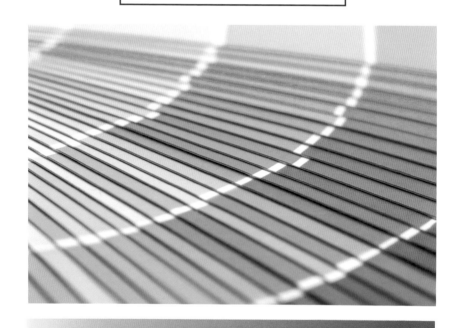

背景和文字颜色的明度、对比度等若能形成对比，读取信息则会更容易。

Which?

哪个读起来更容易？

读取容易度
20%

背景和文字均较明亮，读
起来较困难。

读取容易度
100%

明暗差别较大，常用于标
识设计的配色中。

读取容易度
20%

背景和文字的颜色与明度
均较接近，读起来较困难。

读取容易度
40%

对比色效果刺眼，读起来
较困难。

读取容易度
20%

背景和文字均较暗，读起
来较困难。

读取容易度
80%

对比控制较好，给人以柔
和的印象。

读取容易度
60%

背景和文字明度接近，不
易阅读。

读取容易度
100%

明度差别较大，文字比较
显眼。

照片与文字的平衡

　　如果照片上的文字与背景融合在一起，会难以辨认，这样虽然视觉效果较好，但是，无法正确传递信息的版式设计都不算是好的设计。真正优秀的设计要既不破坏照片的气氛，文字内容也要清晰可辨。

<u>哪一个更容易辨认？</u>

蒙上一层颜色

在照片上方盖上一层颜色蒙版，这样可以既不破坏照片气氛，也不改变文字位置，同时能够突显文字。

将照片调暗

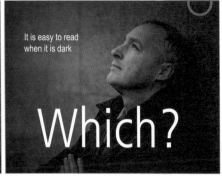

将背景调暗之后与白色的文字形成对比，从而提高可读性。

加入色块

通过在背景上置入色块，可以避免文字与背景过于融合，从而提高辨识度。

模糊背景

当背景图片过于复杂导致阅读困难时，可以将图片中想要表现的主体之外的其他部分进行虚化处理。

变为单色

彩色照片的颜色较多，文字很容易混入其中。若能将颜色减少，就更容易读取。

发光

不对照片产生干扰，操作简单，使用方便，与女性化的设计氛围相适宜。

袋形文字

文字显眼，表现力强，与流行的氛围相适宜。

透明

不破坏照片的气氛，在照片上叠加合适的文字颜色。

描边文字

当白色文字的读取有困难时，可以通过描边使文字更加明晰。

投下阴影

阴影会使文字产生立体感，因而更显眼，对于想要强调的文字而言非常有效。

可读性

色彩

トロピカル柄ビスチェ 6,800円
＋税、ショートパンツ 7,800円
＋税／ともにLily Brown　バッ
ト 13,000円＋税／Chapeau d' 0
(Chapeau d' 0 par override 東急
プラザ銀座店)

青空の下に映える
ほんのりとけるレッドをIN

2 ツヤいちごLIPが主役の

ほんのりPOPな
バカンスメイク

Juicy Item

ストロベリーカラーの唇が主役の、王道ジューシーなメイク。
さりげなく、そして「いつもの」にならないためには、
アイテム選びにこだわりを。グロスのような膜感のあるツヤでも、
リップスティックのようなマットな質感でもない、
その中間のじゅわっとした質感を再現するクレヨンタイプがおすすめ。

→ 詳しいメイクは180ページへ

絶妙バランスのツヤと透明感を備えたリップ
カラー バーム クレヨン EX-01 4,000円＋税／SUQQU（限定）　あざや
かな発色でありながら、透明感のあるクリアレッド。

杂志《Ray》（主妇之友社）2016 年 8 月号

这张照片的明暗色彩均较为突出，仅将文字着色仍缺乏可读性。在这种情况下，最好不要使用发光、阴影
及袋形文字等手法，应尽量选用描边等不会破坏设计氛围的方法。

3

版式设计
构思

33 个版式设计技巧与设计准则

/////

通过实际案例展示各种版式设计方法
所呈现的具体效果。

法 则

网 格 排 版

　　网格排版是指在设计版式时，通过横向和竖向的分割来进行设计的一种方法。这种方法使得在进行内容整理时，即便各个要素的大小有所差异，整体版式也不会显得凌乱。

设定网格

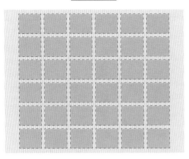

可设定任意长宽的网格为基础要素，并以此对整体图面进行分割。

基础排版手法

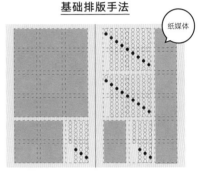

纸媒体

沿着网格进行排版，各内容要素自然就能够排列整齐，留白的部分尺寸也相对统一。

多样化分割图案

网页

在网页设计中，可以将整个页面进行"二等分"或"三等分"，这样可以使版式设计更具多样化。

要素搭配不可过于繁多　✕

同一层级的要素，若使用不同的式样进行设计，整体图面就会失去同一感。

- ☑ 对内容进行整理后容易形成统一感
- ☑ 可以使所有内容呈现出均质化的效果
- ☑ 能够使大量内容呈现出整齐有致的效果

>>> Sample

Who	What		Case
30 岁左右的男性	吸引大量购买人群	×	商业网站设计

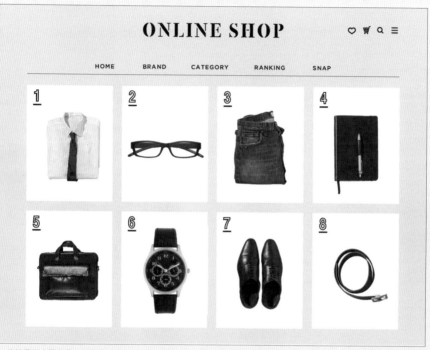

一次性展示大量商品，可以显示出货品丰富而齐备，从而更具吸引力。虽然商品的形状尺寸各不相同，但是通过网格的置入设计，可以使整体图面显得整齐有致。

Let's make

考虑标题所需的位置，确定排版计划。

01

配置适合的网格

物品的形状和大小各不相同，在进行网格排版时，需要确保相互间的留白尺寸一致。

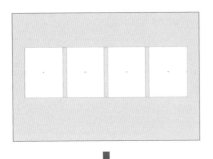

对物体进行复制和移动，并指定移动距离

选择想要进行均等排列的物体，打开【对象】菜单中的【变换】→【移动】，指定移动距离❶并点击【复制】❷。

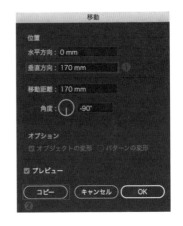

即便没有预先设定网格和参考线，这项操作所呈现的效果也会非常整齐。

02

置入图片

使用【对齐】命令将图片放置于图框中间。通过使用同样大小的图框这一设计手法，能够让大小各不相同的图像呈现出整齐有致的效果。

将图框与对象一起选中，在【对齐】面板中先后点击【水平方向居中对齐】❶和【竖直方向居中对齐】❷命令。

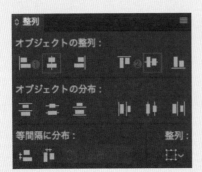

03

置入文字和图标

置入文字的时候要有网格意识，即注意与其他文本的位置和间距等对齐。对于导航栏，我们使用【对齐】面板中的【水平居中对齐】这一命令，对右上角的图标则使用【水平右对齐】命令，使之与图框右侧对齐。在设计中，各个要素通过网格或参考线进行对齐很容易打造整齐的形象。

04

改变标题的字体

对所有内容都进行了网格化设计，标题应尽量选用简洁清晰的字体，以免破坏整体效果。字体颜色统一为黑色，这样就能产生强烈的秩序感。

网格设计很容易给人单调的印象，这里通过数字的细部设计来增强图面表现力。

法则

05

增加装饰进行强调

在不破坏整体图面的前提下，为数字要素增加装饰性细部设计，这样可以对数字进行强调，从而更好地引导读者的视线。

整理要素

本节内容主要针对以图片内容为主、文字内容为辅的版式设计。这些手法对于增强图面的张力和表现力至关重要，可以使设计最终呈现出优美高级的效果。

极具动感的图像

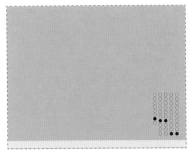

通过超大的图像来吸引读者的注意力，能够表达强烈的诉求。

排列整理

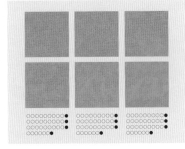

整齐排列的内容使整体图面清晰有序。

关联要素

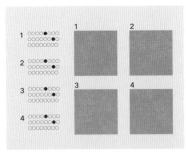

将相互分离的要素通过数字和字母等建立联系，能够很好地引导读者的视线。

版块化设计

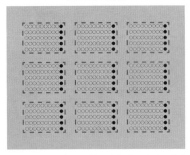

将内容要素有意识地整理为版块，这种设计方式同样能呈现美丽优雅的效果。

- ☑ 合理选择图片的展示形式，如全版展示、裁剪展示或组合展示等
- ☑ 具有张力和表现力的图片更容易吸引读者的注意力
- ☑ 对开放感（空间）的巧妙设计更能使图面呈现整齐有致的效果

⟩⟩⟩ Sample

| **Who** | **What** | | **Case** |
| 30~40 岁的女性 | 表示价格不菲 | × | 生活方式杂志 |

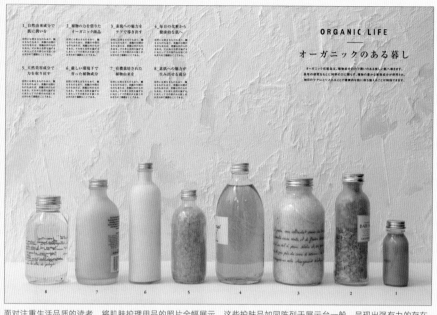

面对注重生活品质的读者，将肌肤护理用品的照片全幅展示。这些护肤品如同陈列于展示台一般，呈现出强有力的存在感，同时整体图面注重留白设计，文字间距较大，极具高级感。

Let's make

在考虑文字排版空间的同时，不断调整照片。

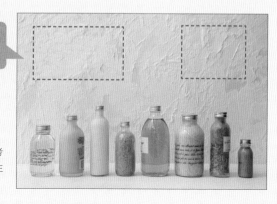

01

裁剪照片并置入

将照片裁剪后全幅置入。置入时，一边考虑文字的位置，一边调整照片的位置和主体内容的大小。

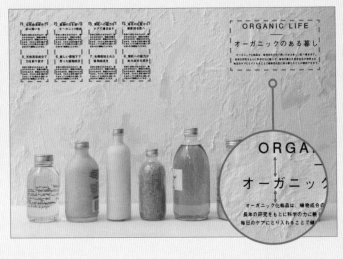

02

置入文字

使用【对齐】面板来
排列文字。文字内容
集中布置在页面的一
角，注意预留较大的
留白空间，这样更能
营造高级感。标题和
摘要之间也尽量预留
较大的间距。

对齐图片与文字

▶ **（选择工具）**按住电脑键盘上的 shift 键
不动，用鼠标依次点击选取所要对齐的对象，
然后点击【对齐】面板右下角的【对齐关键
对象】①，关键对象的边框会变粗，然后在
【对齐对象】选项中选择【水平左对齐】②。
在下方的数据框内填入适当的数值③，点击
【垂直分布间距】④便可完成。

左对齐，间距5mm示意

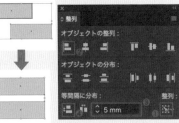

在已选择的对象中再次点击某一对象，可使之成为关
键对象（即对齐命令的参照物）。

03

将文字与图片建立联系

想要在图片与说明文字之间建立联
系，可以使用编号。根据编号，即
便图片与文字没有排列在一起，也
不会造成读者理解上的困难。

为了不对商品造成影响，编号字
体最好选用基本字体，从而避免
字体过于突出，对读者产生干扰。

4_毎日の化粧から
健康的な肌へ

自然には美なるものもあり、醜
なるものもあり、美醜の中間の
ものもあれば、美醜以外のもの
もある。それゆえ自然を論ずる
にあたってその美のみを説くの
はまちがった偏頗なことである。

04

改变字体

选择不会破坏图面效果的字体，调整字间距和行间距，使留白空间较大，这样更容易营造具有开放感的设计。

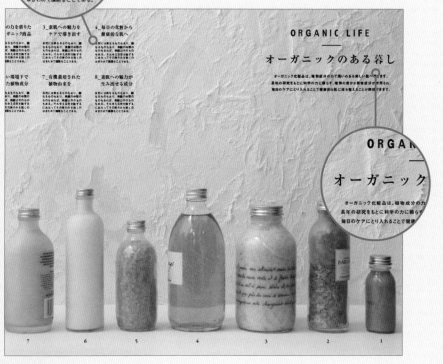

将字间距加大，能够给读者舒适的印象

使用 **T（文字工具）**选择标题文字，在【字符】面板右下角【设置所选字符的字距调整】调整字符间距。如果字符间距设置得较大，能够给读者平和的印象。同时，行间距也应调整得较为开敞，否则容易给读者拥挤的印象。

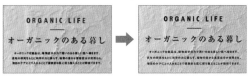

法 则

对 称

兼具规则感、稳定感和美感的对称性构图是版式设计中常用的手法之一。此外，在使用时，通过局部非对称性设计的加入，更可以呈现既具稳定性又富有动感的图面效果。

线性对称

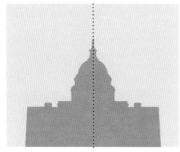

将图面沿着上下或左右中央的线进行对折，图面能够完全重合。

点式对称

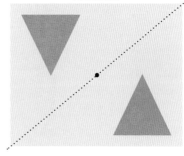

以任意点为基准，将图像进行 180°旋转后所呈现的构图形式。

平行移动

平行并列式构图也是一种具备对称性和稳定感的构图形式。

制造变化

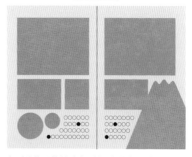

在对称构图的基础上，给局部增加一些变化，可以改善单调无趣的形象，给设计增添几分动感。

 有规则性，给人以完美无缺的印象
 可以表现沉着感、稳定感和实诚感
 通过加入局部变化可以使图面富有趣味

┌─ **Who** ─┐ ┌─ **What** ─┐   ┌─ **Case** ─┐
│ 20~50岁的男性和女性 │ │ 广而告之并招揽客户 │ ✕ │ 展览会宣传单 │
└──────────┘ └──────────┘   └──────────┘

相较于简单的方形或圆形图面，对称式构图更能突显建筑物或雕塑等人工构筑物的魅力。整体图面为配合线性对称的建筑物照片，文字部分也采用了对称式设计。整体图面虽简洁，但信息传达性很强。字体选用明朝体，同时使用大字标题来吸引读者的注意力，传达出极具表现力的展览氛围。

Let's make

01

设定参考线

左右对称的版面，应首先在正中间设置一条参考线。在【视图】菜单下点击选择【标尺】→【显示标尺】，然后在页面中所显示的标尺位置按住鼠标左键，即可拖拽参考线至你所需要的任意位置。从上方的标尺可引出水平参考线,从左边的标尺可引出垂直参考线。

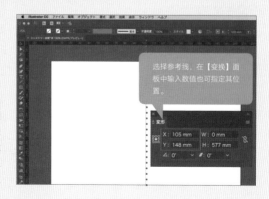

选择参考线，在【变换】面板中输入数值也可指定其位置。

02

设定好版式基础之后，置入图片

在放置图片的位置插入一个灰色的色块并调整版式。若希望图片的位置置于画板正中间，选择图片并打开【对齐】工具栏，于右下角的【对齐】选项中选择【对齐画板】❶，然后在【对齐对象】选项中选择【水平居中对齐】❷，这样一来左右的留白空间就会一致了。

参照中间的参考线，在灰色色块内反复调整图片，直至图片也呈现中轴对称的状态。

标题的上边和下边同样引用参考线将文字高度对齐，这样可以使图面更加美观。

03

加入文字

为配合图片效果，文字也需要左右对称布置。为了让所有的文字都能够左右对称，通过【移动】和【对齐】等命令来调整其位置。这样一来，文字和图片的双重对称便更能突显对称美的形式。

使用【移动】命令以呈现完全对称的效果

文字也需要按照中央的参考线进行放置，打开【对象】菜单下的【变换】→【移动】面板，在【水平】选项内填入数值进行移动，如果填入"-（负值）"，则会向反方向移动相应的距离。

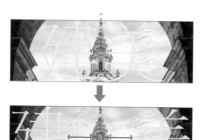

-30 mm · 30 mm

文字的颜色选择不容易融入背景的颜色，以提高视觉识别性，图面也会变得更有吸引力。

04

改变颜色

为了使设计主题更加明确，我们可以通过改变颜色来进行强调。这样不仅可以提升图面的张力，而且也能使图面显得不那么单调。

对比

　　并列放置的要素，读者会无意识地对其进行比较。想要通过两种要素间的不同对比来强化其差异性，可以活用内容对比、大小对比、颜色对比、形状对比等多种对比方法。

大小对比

通过尺寸差异的视觉对比，更能强调尺寸大小的不同。

内容对比

"婴儿与老人"这样的内容对比，也是强化信息的重要表现形式。

让人感到时光的流逝

通过相应要素的并列对比，让人感到"由夏至冬"的时光流逝感。

"聚"与"放"

将让人感知空间的"放"与让人着眼实体的"聚"并置，就能产生故事感。

- ☑ 只有将要素间的不同之处明确地表达出来才有效
- ☑ 当并列放置时，颜色和大小的差异也会体现出来
- ☑ 要素之间的对比也可能产生信息性和故事性

>>> Sample

Who	What	Case
30~40岁的女性	表达度假胜地的魅力	× 旅行代理店的广告

将人物悠然休闲的样子（聚）与塞班岛广阔的海面（放）上下放置，带给人强烈的"独享塞班海域"之感。

Let's make

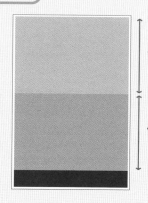

 01

设定基准版面

照片的位置用灰色的色块进行调整,在形状相同的情况下,使用 1：1 相同大小的图幅效果较好。选择关键图形,使用【对象】菜单栏下【变换】→【移动】命令进行复制（参照 88 页）。

PART 3 版式设计构思

法则

02

放置照片

为了表现对比性，照片应紧密地排列在一起。根据
"聚"与"放"的特点将照片进行裁剪后放置在一
起进行对比，更能突显效果。

这种将照片紧挨布置的手法
被称为"无缝拼接"。

MEMO

有效裁剪

照片的裁剪方式与对比效果的强弱密切相关，如果将构图相似的两张照片放在一起，对比效果会减弱。因
此，若能改变照片的裁剪方式，对比效果也会更加强烈。

< 两张照片的裁剪都很开阔 >　　　< 两张照片的裁剪都很聚焦 >

03

放置文字

将想要引起注意的文字置于左上角显
眼的位置，同时将文字旋转一定的角
度进行强调。纵向排版的标题文字贯
穿两张照片，能够进一步强化照片的
表现力与传达性。

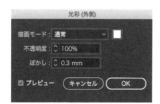

【发光】让文字更易读取

当文字和照片混在一起较难读取时，可以通过【发光】
增强其可读性。
选择想要添加发光效果的文字，在【效果】菜单中选
择【风格化】→【外发光】，即可为文字增加发光效果。

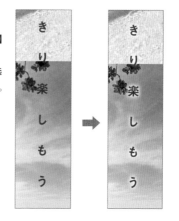

分割

　　将内容要素版块化，并以此对版面进行分割，可以产生强烈的对比效果。同时，为避免分割后的内容彼此孤立，需要进行统一的色彩设计，从而提高内容的识别度。

二分割

大块分割给设计带来强大的冲击力，用于广告或网站首页等设计中会取得非常好的效果。

多分割

要素较多时，通过分块设计可以增强图面张力，同时也能呈现出整齐有致的效果。

内容整理

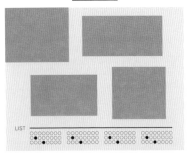

如果将图像和文字分开布置，各自的内容都能更加醒目。

关联性演绎

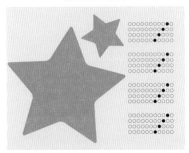

版块之间不能完全割裂开来，设计时可通过对两者共有要素的运用来塑造统一感。

- ☑ 版块划分可以强调各要素间的对比
- ☑ 对基本信息的整理使版式更加清晰易懂
- ☑ 缺乏统一感会使各版块内容变得孤立

》》》 Sample

Who	What		Case
15~20 岁的女性	告知促销信息	×	服装网站的广告

通过将版面分为两个版块的手法对内容进行整理，可以让设计更易理解。然而，如果将左右完全分隔开，会造成各要素之间过于独立，因此将女性模特照片与文字要素进行交叠处理，这样会更容易产生统一感。

Let's make

01

设定基准版面

根据版面的分割，置入相应的灰色色块，二分割的情况下最好设置为 1：1。选择关键对象，使用【对象】菜单栏【变换】→【移动】命令进行复制操作（参照 88 页）。

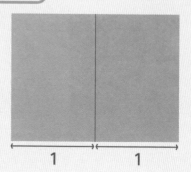

02

置入照片和文字

参照灰色图框，分别置入照片和文字，在调整时注意保持照片和文字两者的大小一致，不要出现一方比较显眼的情况。在决定了文字的位置之后，应先将照片裁剪置入，然后依据图片调整文字大小。

一边考虑文字的位置，一边对照片进行裁剪会更加顺畅。

在文字下方加入色条，使得照片与文字的界限很清晰。

03

制作背景

因照片更加显眼，通过增加背景图案的方式来强化文字的表现力。同时，为避免产生混乱，将两者的背景色进行统一，然后在文字部分增加配色，以呈现既统一又有所区别的效果。

04

**增加要素使两项内容
之间产生联系**

为了使左右两项内容更为统
一，我们将照片的一部分裁
剪出来并覆盖在色条之上，
这样可以避免图片和文字过
于独立而缺乏整体感。

裁剪部分照片内容并置于背
景色条之上。

将照片的一部分裁剪出来

将与色条部分产生重叠的照片部分用 Photoshop 裁剪出来，并保存为新的文件，然后
在 Illustrator 中覆盖于原照片之上，注意与原图片的大小和位置保持一致。

将裁剪出的图像置
于上方。

将重叠的部分置于其他图
层，并将其锁定，避免再次
移动。

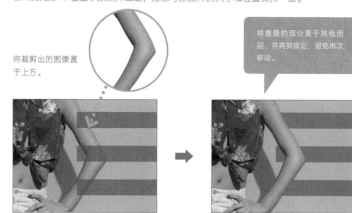

图像中置

将照片等图像内容置于正中间，可以更好地吸引读者的视线。同时，若还能通过配色设计进一步衬托图像，整体图面就更能给人深刻的印象。

置于上下中央

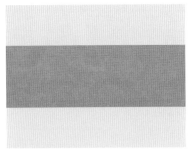

将横向图片置于图面中央，可以使人产生向左右方向的延伸之感，进而营造更加广袤的空间感。

置于左右中央

这种放置方式会让人感觉天地辽阔，强调纵向延伸的高度感。

根据图像趋势配置文字

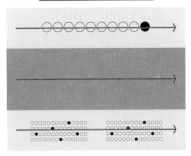

根据图片趋势来设置文字方向，阅读起来会更加容易。

脱俗感

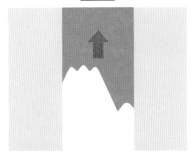

通过将对象照片进行裁剪予以突出，可以强化图面的进深感。

- ☑ 强调照片的魄力和存在感，给人以深刻的印象
- ☑ 图片置于中央更能吸引读者的注意
- ☑ 能让读者感觉到空间的宽阔感和进深感

⟩⟩⟩ Sample

── Who ──	── What ──	── Case ──
40~50岁的女性	醒目的特辑图片	世界遗产杂志计划

将圣米歇尔山的照片置于正中央，横向图幅的水平延伸，更加强调了图像的存在感，上下区域采用黑色背景设计，进一步提升整体氛围，这些均使得图面极具设计感。

Let's make

01

决定展示方式

确定主要图像的构图形式为横向中置。选择灰色图块，打开【对齐】面板，在右下角的【对齐】选项中选择【对齐画板】，然后在【对齐对象】选项中选择【垂直居中对齐】即可。

水平中置的照片可以获得水平方向的延伸感，但垂直方向的高度限制会给人带来压力，因此，我们在选择排版方式时应根据照片的特点选择适合的构图形式。

放置文字和图片

在灰色图框中置入图片并进行适当的裁剪（参照下图）。文字的放置方式也需要结合整体图面的趋势进行设计，从而使读者阅读起来更加容易。

配合横向放置的照片，标题文字也采用横向排版，符合整体图面的趋势。

裁剪时要合理安排照片的留白

利用横向版面能够强化广阔感这一特点，配合合理的裁剪，可进一步突显照片的特质。在这个案例中，我们没有选择将建筑物主体置于正中间，而是将其放在稍微靠左的位置上，这样可以使图面更有动感。建筑主体占据版面约 2/3 的位置，并有意留下约 1/3 的留白空间，这样可以使整体图面更加均衡美观。

设置背景

配合整体氛围选择合适的文字背景色。背景颜色不同，带给读者的感受也不相同，要选择与所表达的内容相适宜的颜色。

黑色的背景与照片形成强烈的对比，使整体图面更显高级。

— MEMO —

背景颜色可以改变整体印象

改变背景颜色可以改变整体内容给人的印象。

给人以简洁明快、热闹丰富的印象，与照片原有的颜色相适宜。

整个氛围更加自然，给人轻松随性的印象。

法 则

重复

多个要素按照一定的规律重复设置，可以产生韵律感。重复所固有的秩序感和原则感等，可以为整体图面带来稳定感和整齐感。

相同要素的重复

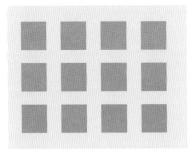

将全部内容整理为同一要素，可以使内容的读取更加容易。

规则性重复

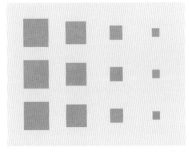

根据一定的规律进行重复变化，可以产生韵律感。

主题重复

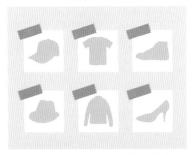

要素自身不进行统一，但通过相同的主题形式的重复来实现统一感。

色彩重复

多个颜色的重复可以产生丰富的变化，以营造热闹的气氛。

- ☑ 可形成整体性、统一性
- ☑ 重复可以产生韵律感
- ☑ 通过设置一定的规则使信息的读取更加容易

Who	What		Case
20~60 岁的男性和女性	表示商品的特性（多样性）	×	文具广告

通过有规则地反复出现的笔的图片，从视觉上传达"颜色丰富多样"这一商品卖点。另外通过单支笔的置入打破整体图面，为设计增添动感。

Let's make

01

放置照片

认真思考以什么样的规则进行排列，然后放置图片。具体操作方法为使用【对象】菜单中的【变换】→【移动】命令，反复操作【变换】→【再次变换】即可完成整体摆放。

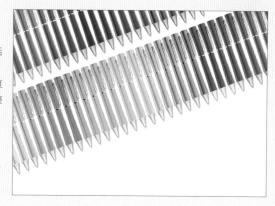

按照相同间距和相同角度进行排列，营造让人印象深刻的图面效果。

通过【移动】和【再次变换】命令进行均质排版

选择对象物体，打开【对象】菜单中的【变换】→【移动】面板，输入数值❶并点击【复制】
❷，然后选择复制后的物体，在【变换】命令栏中选择【再次变换】，即可完成相同的复制
操作。【再次变换】的快捷键为⌘(Ctrl) + D。

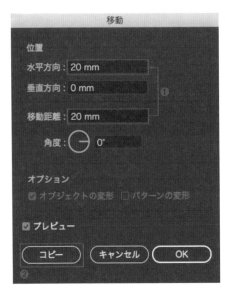

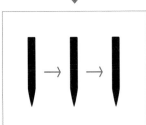

置入强调要素

为了在重复中寻求变化，我们可以置
入特别要素，这样一方面可以破坏重
复性，另一方面也可以打破设计的单
调性。

要素过多容易使图面过于散乱，因
此要注意控制要素的数量。

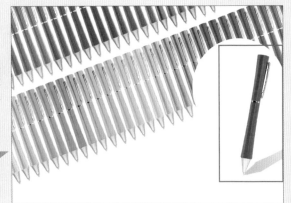

03

设置文字

为了更加明确特别要素所要表达的内容，我们加入了文字要素。通过关键词的加入来增强信息传达性，同时也使特别要素更引人注目。

为了反复强调"颜色多样性"这一特点，加入了放大的"50"这一关键词文字。

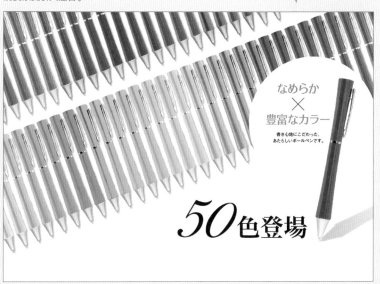

破坏韵律感，打造重点

在反复中增加重点元素可以增强画面张力，突显动感。需要注意的是，重点要素必须控制数量，并且与重复的元素具有明显的区别，这样才能产生良好的效果（参照168页）。

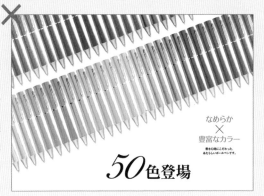

如果没有作为重点元素的图片，整体图面就会缺乏吸引力。

三角形构图

三角形构图所产生的不稳定性会给读者带来一定的紧张感，而其所产生的留白空间则带来了开放感，这些特质使得图面易于吸引读者的注意。

倒三角形构图

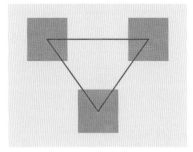

倒三角形构图容易让读者产生紧张感，从而使图面富有跳跃感。

横向旋转

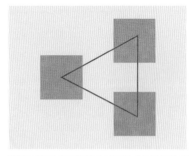

将倒三角形构图旋转 90°所形成的构图效果与倒三角形构图效果相似。

改变要素的比重

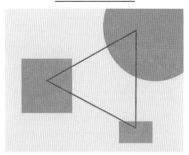

增加下部要素的比重可以增强图面的稳定感，增加上部要素的比重可以增强图面的紧张感。

将要素进行旋转

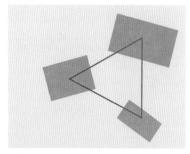

在兼顾可读性的同时将要素进行旋转，可以增强图面的动感和不稳定感，从而更加引人注目。

☑ 倒三角形构图会让读者产生紧张感
☑ 通过改变上下要素的比重，可以引导读者视线的移动
☑ 形成的留白空间可以增强图面的通透感，从而更容易引人注目

Who	What		Case
30~40 岁的女性	吸引大家参加自然活动	×	活动宣传单

置于倒三角顶点的图片给人一种不稳定感，如果使用得当，可以很好地控制阅读节奏，引导读者的目光自上而下移动，直至看完最后的信息。此外，设计时使要素稍许倾斜，进一步强化了图面的动感。

Let's make

01

确定基本构图

思考最能够有效展示内容的构图方式。在设计之前，可以尝试先画一个草图，这样更容易控制整体效果。为配合使用倒三角形构图，须提前整理好要放置于各个顶点的要素素材。

可以按照【图像】→【活动名称】→【相关具体内容】这一顺序，结合个人兴趣进行设计。

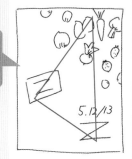

02

置入素材

想要增加倒三角形构图的活力，可以通过增大留白空间来营造通透感。在调整它们之间的间隙时，要时刻谨记其中散布的每一个要素其实是作为三角形的一个顶点存在的，它们首先是一个整体，然后才是独立的个体。

MEMO

运用变化增强图面张力

适度的紧张感可以增加读者的注意力，但如果这种紧张感持续过多，就会造成读者视觉劳累，给读者带来压力。设计时需要考虑紧张与缓和之间的平衡，才能呈现出良好的效果。

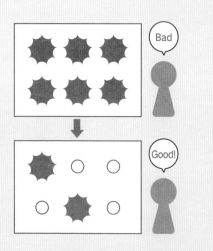

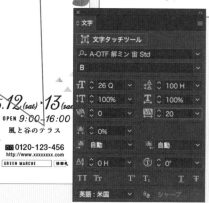

03

调整文字的平衡

根据构图草稿在图面相应位置加入文字要素，增大标题和详细内容文字间的间距，以营造整体平和的氛围，同时善用留白空间来引导读者视线的移动。

風と谷のテラス

本案例中将字符间距设定为"20"。字符间距的设定可根据字体的不同和文字的多少等具体情况而定，可多调整几次以达到最佳效果。

▶▶▶ Another sample

构图不同，给人的印象也大不相同

使用同样的素材，但构图形式若采用将文字置于中间而将图片环绕四周的方式，所呈现的图面效果则丰富而稳重。我们在设计时须时刻谨记以清晰准确地传达内容为原则，继而根据内容、媒体和目标的不同选择相宜的构图形式。

按时间序列排列

当要素之间存在时间关系时，可以采用按照时间顺序进行布局的版式设计。通过引导式设计来明确各要素之间的关联性和故事性，这样可以更容易被读者接受。

规则式排列

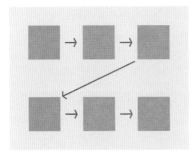

根据视线的移动、时间的先后进行排列，可以很好地传达所要表达的内容。

流线型布局

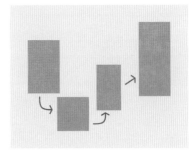

要素的大小和位置均不规则，但通过引导线的设计，也能呈现易于理解的效果。

设置注目点

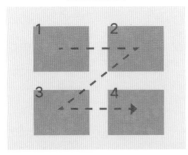

通过设置数字角标等注目点来吸引读者的注意，从而强调要素的顺序。

流线错杂 ✕

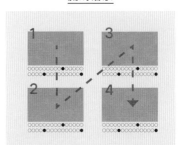

横向版面的阅读顺序为从左至右，纵向版面的阅读顺序为从右至左，如果不遵循这种基本原则而随意设计流线，容易使读者感到混乱。

- ☑ 根据时间顺序进行可视化设计，引导读者的视线
- ☑ 整理时间关系后，可以更有效地传达细致的内容信息
- ☑ 让人一眼就能看出时间关系

Who	**What**		**Case**
20 岁左右的女性	包含时间和行程的旅行计划图	×	旅行杂志计划

根据横向版面的特点和时间的先后顺序从左至右进行排列。要素与路线相连可以很好地引导读者的视线，结合对象的特点，将路线和关注点设计为较可爱的形式，使人们产生想要亲自去游览一番的念头。

Let's make

01

有意识地根据流线进行设计

进行构图设计时应有意识地进行视线引导。在设计草图应时应时刻谨记易于引导视线的原则，注意各要素之间的平衡，这样的设计才会受到读者的喜爱。

横向排版时，对读者而言，从左至右的 Z 字形流线设计最为顺畅。

119

02

设置注目点

注目点的加入可以使时间顺序更加明确。圆点本身就非常引人注目，同时使用统一的色彩进行设计，能够产生较好的关联性和统一感。

> 设置时间角标可以指示时间的顺序，同时使用显眼的颜色可以促使读者的视线停留。

描绘手绘效果的圆形

使用 ⬤（椭圆工具）画一个圆形图块，在【效果】菜单中选择【扭曲和变换】→【粗糙化】，选项中【大小】❶是指效果的强弱，【细节】❷可调节效果的数值，我们将【大小】采用较小值，而将【细节】采用较大值，然后在【点】❸选项中选择【平滑】，便可产生柔和的手绘风格。

MEMO

根据视线设定顺序

在横向版面中，视线一般是由左上至右下，在纵向版面中，视线一般是由右上至左下。设计时应当遵循这些基本原则，不要采用与之相反的流线方式，不然会给读者造成混乱，也就不容易将信息传达给读者，这一点一定要注意。

横向版面

纵向版面

03

设计路线

将与各要素紧密相连的流线进行可视化设计，可以更好地引导读者视线。设计流线时应注意契合图面的基调，不要破坏图面的氛围。

将与各要素紧密相连的流线进行可视化设计，可以更好地引导读者视线。设计流线时应注意契合图面的基调，不要破坏图面的氛围。

MEMO

进行有效的引导设计

视线引导方式有两种，一种是"直接通过线条将所有要素连接起来"ⓐ，另一种是"活用留白空间，间接表示各要素之间的关系"ⓑ，我们在使用时，应以更好地引导读者视线为原则，根据具体情况活用这两种方法。

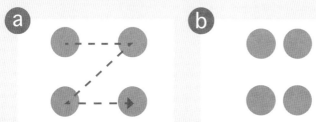

引出线

　　使用引出线将相关联的内容连起来，可以让人一眼就看出其中的关联性。
当你想要向读者强调内容之间的关联性时，这种方法也十分有效。

合乎内容的设计

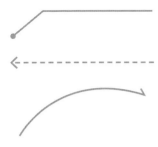

相互间的联系通过可见的方式进行连接，信息的传递也变得更容易。

整理大量内容

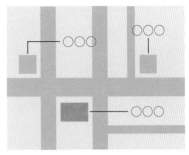

对于地图之类的位置无序且包含丰富内容的案例，非常适合使用引出线进行信息整理。

局部放大展示

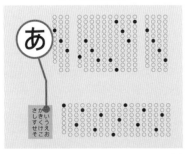

将细小的局部放大并予以展示，页面设计会更为友好。

位置和方向混乱

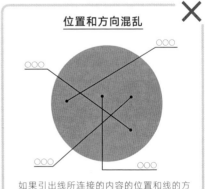

如果引出线所连接的内容的位置和线的方向等缺乏规则性，图面会显得非常混乱。

☑ 将相关联的内容直接连接起来，可以使内容之间的关联性一目了然
☑ 可以起到强调作用，同时也会增强图面的动感
☑ 仔细考虑线的粗细和形式等，避免对图面产生影响

Who	What		Case
40 岁左右的女性	详细说明商品样式和价格等信息	×	电子购物网站的商品页面

面向重视品质和特色的用户，将帽子的各个部分通过引出线进行相应的解说，以此传达商品信息。整体界面与商品优雅的气质相结合，进一步强化了高贵不凡的印象。

Let's make

留白空间的运用使读者的视线更能集中在照片上。

01

放置图片和文字

整理需要通过引出线进行强调的内容信息。一开始就想好大概要说明哪些内容，这样可以使版式设计的过程更加顺畅。想好如何设置引出线之后，就可以放置图片和文字了。注意文字注释内容与其相对应的图片部位之间的关系，避免过于杂乱。将文字部分视为一个图块，注意文字之间的留白，维持图面的均衡性。

02

加入引出线

加入引出线，将图片和文字连接起来。为了不对图片产生影响，需要考虑线的形式。为引出线设定相同的表现形式，可以使图面更加统一美观。

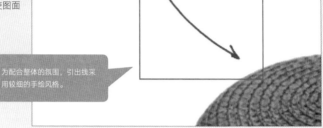

大きめのツバが、紫外線から肌を守り
柔らかな曲線が小顔に見せる。

> 为配合整体的氛围，引出线采用较细的手绘风格。

✕

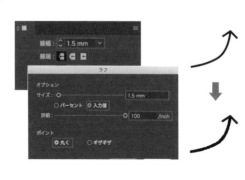

Select point ❶
大きめのツバ

大きめのツバが、紫外線から肌を守り
柔らかな曲線が小顔に見せる。

Select point ❷
リボン

可愛く見せたいときに最適。
リボンを付けるだけで、
印象がだいぶ変わります。

Select point ❸
ストロー素材

ストロー製は見るからに涼しげ。
かぶっていても蒸れにくく、
日差しから守ってくれます。

如果引出线的形式不统一，会让人感觉杂乱无章，阅读困难。

将引出线调整为手绘风

使用 ✒（**钢笔工具**）画一条带箭头的线，在【描边】面板内调整线的粗细，设定较细的线条，可以给人柔和的印象，然后在【效果】菜单中选择【扭曲和变换】→【粗糙化】（参照 120 页"描绘手绘效果的圆形"）。

◇ 線

線幅：	1.5 mm
線端：	

ラフ

オプション
サイズ：　○パーセント　●入力値　　1.5 mm
詳細：　　　　　　　　　　　　　　100　/inch

ポイント
●丸く　　○ギザギザ

03

改变字体

改变小标题的字体以配合引出线的形式，这种局部的改变
能起到引人注目的效果。引出线和圆点图标采用与图片一
致的颜色，可以使整体色调更为和谐。

将部分字体替换为手绘风格
字体，可以增加画面的童趣。

Select point ❶

大きめのツバ

大きめのツバが、紫外線から肌を守り
柔らかな曲線が小顔に見せる。

为线条增加描边

选择想要描边的线条，打开【外观】面板并点击右上角的【选项】，点击【添加新描边】
❶，则下方的【描边】选项会增加为两个，将想要作为描边的那一项置于下方，并设定
想要的颜色。注意要将下方的【描边】线的粗细设定为更大的数值❷，这样就可以呈现
线的描边效果。

アピアランス

	パス	
	ラフ	fx
⊙ ›	線： ☐ 0.3 mm
⊙ ›	線： ▦ 0.5 mm
⊙ ›	塗り： ▨
	不透明度： 初期設定

新規塗りを追加
新規線を追加 ❶
項目を複製
項目を削除

アピアランスを消去
基本アピアランスを適用

✓ 新規アートに基本アピアランスを適用 ❷

サムネールを隠す

合乎目标的文字排版

根据内容等对文字的排版方式进行设定，对读者而言更为友好。在具体设计时，我们首先需要了解横向排版和纵向排版带给人的不同印象，以及对象的喜好等，这样才能选择合适的文字排版方式。

横向排版	纵向排版

横向走势

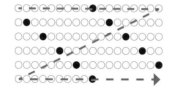

在横向排版的情况下，读者的视线移动方向为从左上至右下。

纵向走势

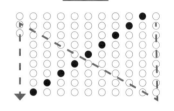

在纵向排版的情况下，读者的视线移动方向为从右上至左下。

左边翻开

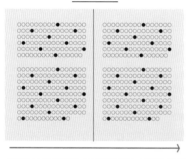

多用于左边翻开的纸质媒体和上下滚动的网页界面中，图面富有现代感。

右边翻开

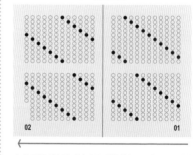

右边翻开的形式与纸质媒体相适宜，因其为古老的文字排版方式，具有较强的传统感。

☑ 设计时可根据读者视线的移动方向来选择合适的文字排版方式
☑ 善用不同文字排版方式所呈现的不同效果
☑ 选择与媒体形式和对象特征相适合的文字排版方式

媒体的倾向

在各种各样的媒体形式中，我们需要根据明确的目的选择合适的文字排版方式。理解表达的目的，从而选择与内容相适合的形式，这就是关键所在。

经常使用横向排版的媒体	经常使用纵向排版的媒体

fontと文字

1,234円

H_2O

あかさたな
アカサタナ
阿加差多名

・外语、数学
・电脑杂志之类的杂志

横向排版方式对英文和阿拉伯数字更为友好，阅读起来更加容易，常用于包含英语和数字的媒体，以及含有较多专业英语词汇的专业书籍中。一般来说，人的视线左右移动比上下移动更为灵活，因此从左向右阅读的横向版面更易于读者阅读。

・日文报纸和教科书等
・文学类书籍

纵向排版形式常用于日文报纸和教科书等以文字为主要内容的媒体形式中。在设计中，局部采用纵向排版可以起到强调作用，也可以给设计增加"日式"的感觉。

目标的倾向

年龄不同，目标对象觉得易于阅读的形式也有所不同，让我们实际试试如何根据年龄的不同而采用不同的文字排版形式。

年轻人
年轻人多使用电脑和智能手机，习惯了滚动阅读的他们更喜欢横向排版形式。

老年人
日本的老年人更多会阅读报纸和书籍，他们对纵向排版形式更为习惯。

Who	What		Case
20~40 岁的男性	营造美妙的气氛来提升购买欲	×	自行车网站的购买界面

文字的排版方向与城市越野自行车的行进方向一致,让读者产生想要试骑一下的念头。文字整齐且有变化,整体图面均衡,让人很想购买。

Step.1　　考虑诉求点

- 通过都市的印象来表达魅力
- 配合行进趋势打造轻巧的形象

简洁美好的整体气氛,与自行车行进方向一致的文字排版,都给人一种轻巧的图面印象。通过这种让人安心的版面设计,很好地将购买信息传达给了客户。

Step.2　　计划展示方式

根据视线的移动方向进行排版,可以强调自行车的速度感。

根据网页的特性,整体采用横向排版方式,以适应滚动浏览的需要。文字从左至右排列,保证读者的视线方向与自行车的行进方向一致可以强调速度感。利用横向排版的特性,将英文内容分组布置,可以增强整体页面的时尚感。同时,为了防止浏览时页面滚动速度过快对客户的阅读产生影响,设定了较大的文字行间距,以便于阅读。

Who	What	Case
30~50 岁的男性	营造活动气氛并阐述相关内容 ×	展览会宣传册封面

纵向的整版照片极富张力，让展览会的内容给人深刻印象。通过线框对版面进行划分，使得图面在文字纵横混合排版的情况下，整体依然能够对视线起到良好的引导作用。纵向排版可以烘托自行车的历史气息，进而引起读者的兴趣。

Step.1　考虑诉求点

■ 暗示自行车具有漫长的历史
■ 传统的印象

设计的重点是表现具有历史感的整体效果，同时也要表现城市越野自行车的现代潮流感，通过活用照片进行排版，打造具有动感的版式设计。

纵向排版的照片可以强调整体图面的纵向排版效果。

Step.2　计划展示方式

为配合从右翻阅的宣传册的特点，主体文字均采用纵向排版形式。为强调画面的动感，将照片竖向放置并撑满整版，以打造强烈的视觉冲击力。为便于阅读，英文和数字内容采用横向排版，然后使用线框对空间进行统一划分梳理。将横向文字弱化为图块，整体图面依靠图框引导人的视线，从而避免产生混乱。

换行

横向排版时，如果每行文字太长，会导致视线不稳定，进而让读者产生疲惫感，设计时要注意采用合适的换行方式，从而使阅读更为容易。对于摘要和导读等较短的文字，换行位置的不同将会在很大程度上影响给读者的印象。考虑文字的含义，不要将短语和句子等从中间断开，这样才能让内容的传达更为流畅。

> このリンゴ
> はとても美味
> しいと彼は
> 言った。

> このリンゴは
> とても美味しいと
> 彼は言った。

段落对齐

想要改变文字段落给人的印象，可以改变对齐方式。一般的段落文字均采用"左对齐"的方式，除此之外，还有"居中对齐""右对齐"等对齐方式。"居中对齐"是根据中轴对称进行排版的形式，它会让图面更有平衡感；而"右对齐"则会产生强调的效果。换行的时候，根据文字内容将每一行都调整为适合阅读的长度，这样能够呈现更好的效果。

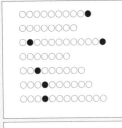

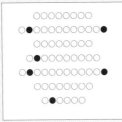

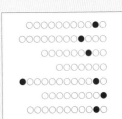

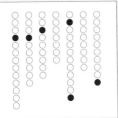

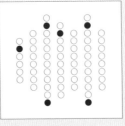

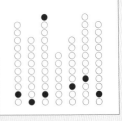

< 左 对 齐 >   < 居 中 对 齐 >   < 右 对 齐 >

标点符号

顿号 + 句号

10月1日は、
designの日です。

逗号 + 句号

10月1日は，
designの日です。

逗号 + 英文句号

10月1日は，
designの日です.

当横向排版中同时出现汉字和英文时，标点符号也可以使用逗号和句号等。根据不同的情况，选择合适的标点符号即可。

分栏

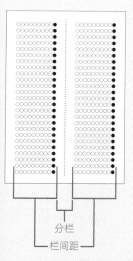

分栏
栏间距

如果每一行的文字长度过短，反而会造成阅读困难，在设定分栏数和段落长度时，要注意两者之间的平衡。

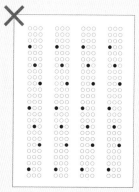

当文字内容较多时，可以采取分栏的形式。分栏的目的是缩短单行文字的长度，从而使阅读较为容易。各分栏之间的空间称为"栏间距"，它对各个分栏起到分隔作用，从而使整体图面关系更为明确。通常栏间距的宽度取 2~3 个字符宽度为宜，如果栏间距过小，会导致各分栏之间的关系不明确，如果栏间距过大，则容易失去彼此之间的关联性。

使用线框

通过线框可以使图面的走向和各个版块之间的关系更加清晰，这样一来，信息将更容易传达给读者。

确定走向

通过线框确定整体版面为纵向，线框可以对读者的视线起引导作用。调整线框的粗细，将局部设置为被图片打断，这样可以增加整体图面的动感。

线框若过于规整，容易给人单调的印象，从而难以表现内容的重要程度。

用图块进行分割

通过图块可以将不同排版方式的文字组合在一起，而不会产生违和感。同时，文字形式的不同组合，还能为整体图面增添动感。为了更好地展示英文和数字信息，在符合整体纵向排版的前提下，局部采用横向排版方式，根据信息的重要程度，由上至下依次排列，这样的版式设计更容易让读者理解。

旋转文字

当纵向排版内含有英文和数字内容时，可以通过"旋转文字"来提高可读性。

10月1日は、
デザイン（design）の日です。

→

10月1日は、
デザイン（deṣ-ḡn）の日です。

某些使用数字的情况也可以采
用汉字数字的形式（如"十月
一日"），只要选择的方式与
整体图面相适宜即可。

数字的旋转

点击 T（文字工具），
并选取想要进行旋转的数
字，在【字符】工具面板
内点击右上角的【选项】
图标，并在下拉选项中选
择【直排内横排】，数字
便可横向显示。

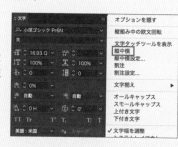

英文的旋转
（逐一调整每个字母）

点击 T（文字工具），
并选取想要进行旋转的英
文，在【字符】工具面板
内点击右上角的【选项】
图标，并在下拉选项中选
择【标准垂直罗马对齐方
式】，英文便可横向显示。

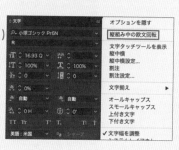

段落排版

与横向排版时类似，当文字
内容较多时，也可以采用分
栏的方式，以提高可读性。
同时，结合照片等要素的设
置，还可以让整体图面更具
韵律感。当需要插入文字以
外的要素时，注意大小应与
分栏的尺寸相适宜，避免对
读者的视线产生干扰。

〈 2 分栏 〉

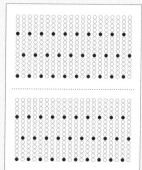

〈 5 分栏 〉

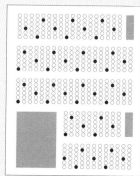

文字混合排版

在横向排版与纵向排版共存的版式设计中，整体图面流向的变化会使图面产生动感。同时，为了不让读者产生困扰，需要通过强调元素对读者的视线进行引导，从而形成好的设计。

纵向强调

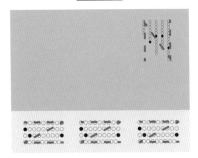

在以横向排版为主的网页中加入纵向排版，可以起到强调的作用。

改变节奏

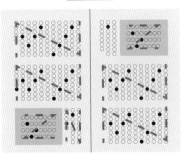

在以纵向排版为主的版面中，内容繁多时，易显得单调无趣。这种情况下，将摘要等内容改为横向排版，能够增强趣味性。

加入标题

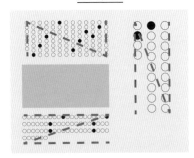

将标题与正文设计为不同的字体大小和排版方式，可以增强可读性。

形式过于相似

印象が近い配置

印象が近い配置

字体和大小过于相似的文字内容，使用两种不同的排版方式就近布置，容易给读者造成困扰。

☑ 在常规中增加变化可以增强图面动感
☑ 对于不同排版方式并存的设计，需要考虑数字的规则性
☑ 适当加入配图以合理利用留白空间

Who		What		Case
30~40 岁的女性		打造成熟感	×	女性时尚杂志

通过设计表现用户所憧憬的成熟洒脱的生活方式，进而引起读者对特辑内容的兴趣。不同文字形式的混合排版，以及带有游戏感的字体等，进一步强化了这种感觉，提升了整体效果。通过超大的数字来吸引人的目光，引起读者的关注。

Let's make

01

置入文字和照片

在放置图片时应注意图面的平衡，同时考虑文字所需要的空间。当设置横向和纵向图片时，若将文字横向排版，会出现留白空间不均等、画面失衡等问题。这种情况下，混合排版可以有效利用空间，将文字和图片组块来进行整体排版，这样形成的设计才会整齐有致，清晰明了。

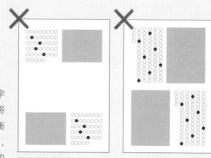

根据照片的形状和朝向来进行设计，不要只考虑单个文字的排版，这样可能会使其他文字阅读困难。

排版时应有版块意识

如果将文字和照片视作一个版块，自然而然就可以产生分组的效果。在排版时，将照片附带的文字设置为与照片相同的宽度或高度，将文字框定在与照片等幅的范围内，这样便能产生强烈的版块感。

若没有统一排版的意识，就会出现版块不完整的结果。这样就会失去画面的平衡感，难以分辨组别。

改变字体

在设计时，将文字配合照片或图块等进行设置，有时整体图面会显得过于简洁，这时可以尝试变换字体。将标题字体改为哥特体和明朝体组合的方式，可以给人深刻的印象。

将装饰文字"style"设置为曲线形式，可以增加动感，给以直线为主的图面增添温柔的感觉。

03

增加强调点

巨大的数字会给人深刻的印象并引导视线，这样，即便采用混合排版形式也不会给读者造成困扰。

─── MEMO ───

字体的组合

当希望文字内容醒目时，可以通过不同字体的组合来实现。将单个词语进行变化，或者将不同的内容分别使用不同的字体等，只要合乎内容，不妨多尝试各种组合方式。

変える。書体を ← 変える。書体を → 書体を変える。

裁剪图片

经过裁剪的照片能够给图面增加动感效果，并营造热闹欢快的气氛。沿着物体的轮廓进行裁剪，能对物体本身进行强调，从而给读者深刻的印象。

轮廓裁剪

一眼就可以看出事物的整体形象，能够对对象的形态进行突出强调。

粗略裁剪

裁剪时，留下手工裁剪的痕迹并留有部分周边背景，会形成类似拼贴画的效果。

形状裁剪

在兼顾部分周边情况的同时，能够将人的注意力集中在所显示的焦点部分。

✕ 不适合进行轮廓裁剪的照片

对于风景等类的照片，如果对照片进行轮廓裁剪，会产生违和感，则不适合进行轮廓裁剪。

☑ 增添图面的动感并能创造欢快热闹的气氛
☑ 沿着物体的轮廓进行裁剪，可以强调对象的轮廓并产生动感
☑ 选择与对象及所希望呈现的效果相适宜的裁剪方式

138

Who	**What**		**Case**
小学生	表达欢乐的活动气氛	×	折纸工坊的宣传单

通过大小各异的折纸作品照
片的布置，使整体图面极富
动感，同时也营造欢乐的气
氛。通过作品的展示，很好
地传达了此次工坊的具体内
容，从而引起读者的兴趣。

Let's make

将想要传达出的信息依次
描绘出来。

计划展示方式

一边筛选所要传达的内容信息，一边通过草图对整体排版进行构
思。以文字内容和位置为基础，进而决定所需要的照片的位置和
数量，顺利完成整个构图。

放置文字和照片

在初步构图的基础上放置照片，置入时注意营造
图面的动感。若你希望营造热闹的图面气氛，可
以改变照片的大小并进行不同程度的倾斜旋转。
使用🔍（放大 / 缩小图标）和 ↻（旋转图标）对
照片进行调整。

为了使标题更加醒目，可以将较小
的图片置于标题周边，同时将较大
的照片放置在下方，这样可以使整
体图面更加均衡。

MEMO

随性与有序的平衡法

创造一定的法则并遵循这项法则进行排版，更容易达到均衡的效果。比如，将图片按尺
寸不同分为大中小三类；将大尺寸的对象布置在对角线的位置；控制大尺寸对象的数量
等。只要设定了类似这样的原则，就可以防止图面显得过于散漫。

对象的尺寸类型过多，差别
又较小，容易给人造成散漫
的印象。

同样尺寸的对象聚集在一
起，导致图面失衡，设计均
衡感较差。

大尺寸对象的数量过多、过
于显眼，让人难以注意到其
他要素。

增加配景

经过裁剪的照片，相较于方形照片而言，构图时会多出许多空白空间，容易给人空荡荡的印象。为了填补这些空间，使整体图面更加丰富，可以在图片间增加一些装饰物，但是不要增加太多，以免过于杂乱。增加一两个装饰物可以增强图片的故事性，整体图面也会更有统一感。

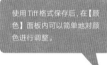

增加一些与折纸动物感觉相适宜的装饰，可以增强整体的欢快气氛。

制作手绘素材

用笔在纸上描绘完成后进行扫描，使用 Photoshop 将图像打开，在【图像】选项下选择【模式】→【双色调】，并将图片保存为 Tiff 格式。

使用 Tiff 格式保存后，在【颜色】面板内可以简单地对颜色进行调整。

插画　→　Tiff 格式

自由版面

将多张照片进行自由排列，可以产生某种韵律感，同时也可以强化每一张照片给人的印象。通过有意识地打破常规布局并加入其他要素，可以营造自由欢乐的气氛。

富有动感

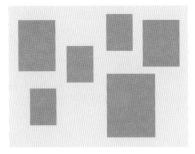

如果使用大小不同的图片进行排版，可以增加画面的随意感，使图面更有表现力。

增加强调元素

通过加入强调要素来改变常规印象，可以增加画面的动感。

设定格式

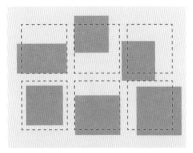

一开始先设定整齐排列的格式，随后在它的基础上进行变化，调整时注意整体的平衡。

让人感觉整体统一

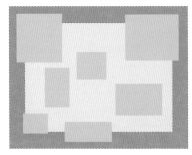

加入外框等可以使各个要素形成一个整体，也可以使图面更具设计感。

- ☑ 设计富有韵律感会给人欢快的印象
- ☑ 可以增强每张图片给人的印象
- ☑ 图像大小不一，会使整体图面更加富有动感

Who	**What**		**Case**
20 岁左右的女性	让人想要阅读的以照片为主的特辑	×	文化杂志

将在 Instagram 上投稿选出的旅行照片进行自由排列，使喜欢旅游的人对特辑产生兴趣。背景图框不仅可以为整体图面营造优美华丽的感觉，同时也能平衡自由布置的照片所产生的不稳定感，使图面更具整体性。

Let's make

本案中我们的基本构图原则是将照片分散布置，留出中间的位置设计标题。

01

计划展示方式

乍看之下略显杂乱无章的版式，其实只要遵循一个基本框架进行调整，就可以产生统一感。

放置图片和文字

配合文字来调整图片的大小以维持图面的平衡。因为照片均为横平竖直，所以整体图面会稍显单调，为此我们改变文字的字体并将之排列为拱形，使文字部分更加活泼有趣。另外，方形照片也会给人僵硬的感觉，我们加入部分经过裁剪的照片来打破这种僵硬感，同时使图面更富动感。

TRAVEL

ヨーロッパの中でも見どころ満載で
高い人気があるるフランス。自然遺産だけでなく、
グルメや芸術も盛りだくさん。どこを巡れば
いいか迷ってしまう、そんな人のために。
オススメ観光スポットや、
絶対にはずせない定番スポットなど
人気の名所をご紹介します！

先布置较大的图片，然后在空白空间内再布置较小的图片，这种布局顺序会使排版过程更加顺畅。

制作粗略裁剪照片

我们使用 Illustrator 来制作粗略裁剪图片。对想要裁剪的图片，使用钢笔工具描绘出想要裁剪的路径，描绘时不用很精细，大概裁剪出对象的边缘即可。将路径置于图片之上，将两者一起选择后，点击【对象】菜单中的【剪切蒙版】→【建立】，即可完成。

03

装饰背景

为避免自由排版的图片给人
杂乱无章的感觉，可以在背
景中增加一些装饰要素，使
图面更具统一感。这里我们
使用了增加图框的方法，将
整体图面"框住"。

增加背景的时候，注意不要离裁剪线太近。

增加统领全体的要素

给图面增加一个图框，可以为各个不同的图片增加一个共同的强化要素，从而使自由排
版的图片不会显得太过凌乱，使整个设计成为一个整体。

增加图框可以使设
计更加引人注目，
要素更为显眼。

通过数字增加韵律感

通过数字对内容进行整理是一种简单而有效的方式，对于顺畅地引导视线来说非常有用。另外，通过提高数字的跳跃度来吸引人的视线，还能使整体图面产生视觉韵律感。

视线的移动

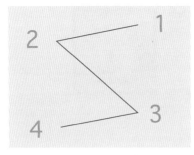

连续设置的数字所产生的规则性，可以使设计富有韵律感。

设置大字号数字

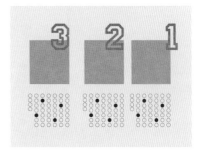

大字号的数字是非常显眼的标志，能够增强图面张力、控制视线的走向。

选用合适的字体

1 2 3

1 2 3

一 二 三

使用符合设计主题的字体形式，可以强化整体图面的效果。

混乱视线的设计 ✕

1	3	3	8
2	5	9	6
9	1	4	8

无意义的乱序排列会给读者造成困扰，使读者产生疲劳感。

☑ 将各个版块内容单独整理，更易于读者理解
☑ 能够很好地引导人的视线，使整个设计富有韵律感
☑ 加大数字的字号，可以更好地吸引读者的注意力

Who	What	Case
30 岁左右的男性	介绍商品	男性文化杂志

通过具有时尚感的配色和极富冲击力的版面设计，吸引对时尚及这些小物件感兴趣的读者。通过大胆应用数字来吸引读者的眼球，使内容信息以具有节奏感的方式传给读者。

Let's make

动势

将照片中的物品单独裁剪出来可以增强视觉冲击力。

01

设置文字和照片

首先将内容分组成块，进行粗略排版。若是排列过于整齐，整体图面就会显得单调乏味。将内容板块稍许错动，可以给图面增加韵律感，调整时注意整体图面的均衡性，不要使商品的照片和标题显得过于凌乱。

提高跳跃度

提高跳跃度可以使图面更引人注目。根据内容的重要程度及表达的先后顺序等将某些要素放大，可以使图面更有张力。本案中选择对数字进行放大，这样可以更好地引导读者的视线。

依据【数字】→【物品名称】→【详细说明】的顺序放大文字。

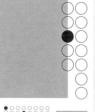

MEMO

不同跳跃度给人不同印象

高跳跃度的设计经常用于体育报纸或周刊杂志中，其富有动感的图面形象能给读者深刻的印象。相对地，低跳跃度的设计会给读者知性稳重、值得信赖的印象，常用于经济类报纸或字典等媒介中。跳跃度不同，它所面向的对象及使人产生的印象等均大不相同。

〈 高 跳 跃 度 〉　　　　〈 低 跳 跃 度 〉

03

增加装饰进行强调

进一步强化数字给人的印象，通过让人印象深刻的设计来吸引人的注意力。同时要注意不要一味地强化数字，注意与照片和标题之间的平衡。

> 照片的处理方式是将物体单独裁剪出来，我们使用同样的手法切除一部分数字，保持表现方式的统一性。

将数字角部进行斜切

将数字"0"的角部切除。使用 ■（长方形工具）画一个与数字大小相适宜的框 ⓐ，然后使用 ✐（钢笔工具）在适当的位置画一条斜线 ⓑ，选择线框与斜线，打开【路径查找器】面板，点击【分割】 ⓒ，长方形就会被斜线分割开来。分割后的对象会自动编组，因此我们选择对象，点击【对象】菜单下的【取消编组】，然后就可以将不需要的部分删除 ⓓ。同时选择剩下的线框和数字，点击【对象】菜单下的【剪切蒙版】→【建立】，数字的角部就被切除掉了 ⓔ。

设 定 角 度

　　使对象倾斜能够给整个设计增加动感。倾斜时要注意调整倾斜的角度和方向，避免给读者带来不安。另外，这种设计常常会给人力量感和速度感。

向右上方倾斜

将右上方抬高，可以从视觉上带来成长、上升的感觉。

调整角度

增大倾斜角度，可以将重点上扬，使图面富有动感。

使网格倾斜

将作为基础的网格进行倾斜，可以营造时尚感。

形成留白空间

如果将想要展示的大幅照片倾斜，可以形成留白空间。

- ☑ 给设计增添动感，让人印象深刻
- ☑ 可以产生力量感和速度感
- ☑ 沿着倾斜的方向进行内容展示，可以自然引导人的视线

Who	What		Case
30~40 岁的男性和女性	提高新商品的认知度	×	品牌广告

通过并列排版的巧克力的照片，直接展示广告对象，同时刺激读者的食欲。倾斜的布局会使读者不安，而按钮化的背景设置则会使读者感到安心，二者协同作用，使图面保持均衡而富有活力。

Let's make

设定版面的基础

根据所要呈现的图面效果调整网格。开始的时候先不要旋转网格，这样操作起来会更加便利。倾斜的图面缺乏稳定感，容易让人感到不安。因此，背景采用按钮化设计并设定相应的规则，以平衡整体的稳定感。

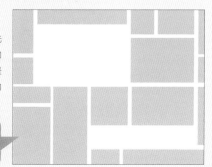

文字部分也作为一个图块进行考虑。

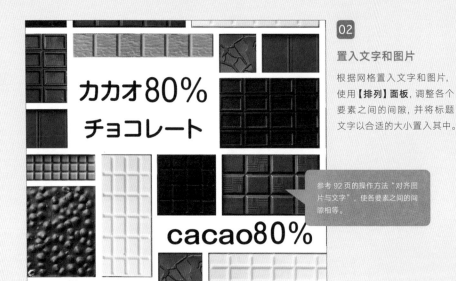

置入文字和图片

根据网格置入文字和图片，使用【排列】面板，调整各个要素之间的间隙，并将标题文字以合适的大小置入其中。

参考 92 页的操作方法"对齐图片与文字"，使各要素之间的间隙相等。

03

整体旋转

使用 ⟳（旋转工具）将整体进行旋转。旋转方向为将右上方向上倾斜，这样可以营造向上的势头。如果向右下方旋转，容易给人衰弱的印象，一般最好不用。

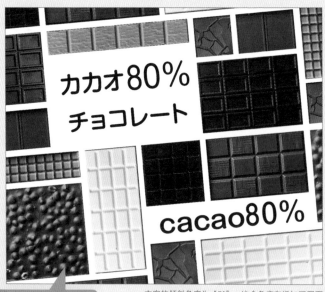

倾斜角度越大，整体图面的趋势就越强烈，同时可读性也会下降。一般来说，为了保证图面效果，倾斜的角度最好控制在 30°以内。

本案的倾斜角度为"5°"，这个角度在增加了图面不稳定感的同时，也能使图面更加引人注目。

使用【旋转】工具调整倾斜角度

点击【选择】菜单下的【全部选择】
命令，便可以将对象全部选中。【全
部选择】的快捷键为 ⌘(Ctrl) + A。
使用 ↻（旋转工具）输入旋转角度，
便可对全体进行旋转。

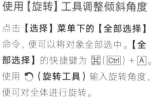

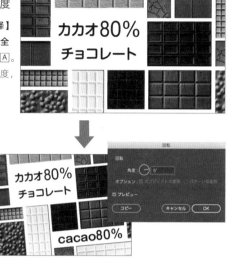

如果对象中存在不希望进
行旋转的要素，这种情况
下，通过图层将其分离，
能够使操作更加便利。

04

改变字体

为了配合棱角分明的整体感觉，我们将字体改变为棱角更为明
显的哥特体，这样可以使图面更加出挑，同时也更具时尚感。

塑造故事性

将同一情境下的不同场景图片并列放置，可以让人根据前后关系感觉到时间的流逝、事物的发展。这种设计具有很强的故事性。

将多张照片并置

将相互关联的照片并列布置，可以产生故事性，读者可以理解前后之间的发展关系。

将不断变化的照片并置

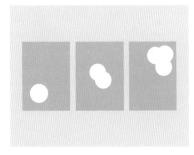

将逐步发生变化的照片并置，可以产生视觉上的运动感。

与内容相连接

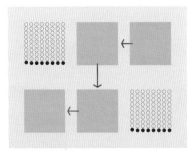

这是在杂志叙事中经常使用的方式，根据时间的先后放置相应的照片。

效果增强

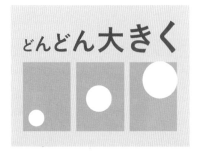

将标题和标语的形式逐步强化，可以增强其传达力度。

- ☑ 运动和变化可以引导人视线的移动
- ☑ 可以使人感觉到时间的流逝，使画面产生动感
- ☑ 将相互关联的图片并置可以产生故事性

>>> **Sample**

── Who ──	── What ──		── Case ──
30~40 岁的女性	展示效果，提高客户的购买欲	×	营养品广告

面向希望自己身体更加健康的客户，通过做侧向转体运动的女性元气满满的状态，来展示通过购入商品可以实现的舒适生活。具体设计通过将侧向转体运动过程中的图像分步展示，进一步强化给人的健康舒适的印象。

───────────────── **Let's make** ─────────────────

> 排版时注意使每个动作图片之间的间隔大致相等，这样会让人感觉人物是以同样的速度进行运动的。

 01

放置照片

将版面沿水平方向三等分，并将图片置于上方 2/3 的位置，这样能够使整体图面具有稳定感。

155

图片数量和间距的不同会让人感觉到不同的速度

根据照片排列方式的不同，可以营造不同的速度感和氛围。当你希望图面显得较为悠闲时，可以选用数量较少的图片，同时加大图片的间距。相对地，图片数量增加、间距减小，则会给人速度更快的感觉。

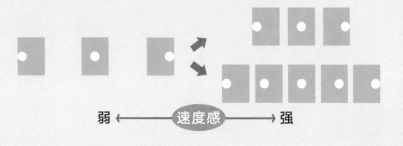

02

设置文字

为配合从左至右的图片排版方式，文字部分选择横向排版。同时，为了配合图面的整体氛围，文字之间的空间也应该让人感觉空旷、悠然，采用简洁的细线字体，也可以让人把注意力集中在图片上。

03

增加细节强调图面故事性

为了增强故事性，我们对文字进行细化设计。本案中，为了强化关键词"畅快"而对其局部进行细化设计，配合连续照片所产生的动感，可以更好地表达主体内容。

> 根据"畅快"的音节（日语）延长进行设计，可以自然而然地引导人的视线由左向右移动。

对文字局部进行加工

选择想要进行变形的文字，点击【文字】菜单下【创建轮廓】命令，将文字图形化。图形化的文字即变为路径，我们使用 ▷（直接选择工具）选择想要进行加工部分的锚点，用鼠标进行拖拽，就可以将锚点移动至任意位置，从而完成对文字的变形操作。

如果想要沿水平方向进行移动，可以在拖拽的同时按住 shift 按键，移动时便不会产生其他方向的位移。

贴边裁剪

将照片进行贴边裁剪，可以使整体图面更动人心魄。同时，配合巧妙的手法将关键词等信息予以展现，可以给人深刻的印象。

左右贴边裁剪

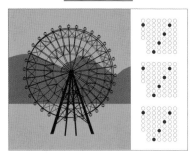

将照片贴边置于版面左侧或右侧，另一边留白，以布置其他内容，这种手法常用于纸媒体中。

上下贴边裁剪

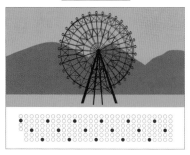

将照片贴边置于版面上方或下方，其余位置留白布置其他内容，这种手法常用于纸媒体或网页设计中。

全幅贴边裁剪

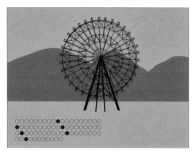

强化画面的冲击力和进深感，同时可以利用照片内的空白空间布置其他内容。

局部放大裁剪

这种手法将照片主体放大，尽量不留下空白空间，常常用于图面的背景。

- ☑ 让人强烈地感觉到照片的冲击力和存在感
- ☑ 可以让人感觉到照片的进深与广度
- ☑ 如果配合最想要传达的信息进行设置，就能够给人深刻的印象

Who	What		Case
30~40 岁的女性	招揽客户参加高品质集会	×	房地产广告

针对想要购置房产的客户，通过三面贴边剪裁的大幅照片来展示购房后的生活，给人深刻的印象。同时通过标题的设置将照片和下方内容联系起来，引导读者视线由上至下移动。

Let's make

 01

置入照片

大幅照片让人一眼就能看出想要表达的内容。本案中，为了表现强烈的"我的温暖的家"的感觉而选择了大幅的家的照片。在考虑好展览会的详细信息的设置后，将这张照片三面贴边置于图面上方。

02

布置下方的文字和照片

设置详细介绍相关内容的照片和文字。为了衬托上方的主图，下方的照片不要贴边剪裁，而要设置为较小的图幅，这样整体图面会显得更加张弛有致。

将标题文字设置于画面中央，以便于将分成两部分的上方照片和下方文字内容联系起来。

MEMO

利用潜意识

如果在排版过程中感到困惑，可以试着利用潜意识。一般来说，人体左侧区域由右脑控制，主要控制感性思维（美感等），而人体右侧区域主要由左脑控制，主要控制理性思维。另外，人的视线一般是从左至右移动的。右边的案例中，将较为感性的图像置于左侧，将较为理性的文字置于右侧，由此取得平衡，人的目光也会自然地由图片转向文字。

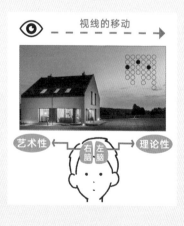

将左右空间留白以塑造空旷感，从而强调照片对象和广告语。

03

置入标题

为进一步强化照片所表示的含义，我们加入广告语对此进行说明。通过将文字置于空白空间，进一步将人的目光集中于标题和主要图像上。

MEMO

横向和纵向混合排版效果

加入与整体流向相异的要素，可以在维持画面平衡的同时增添少许动感。如果我们将标题文字改为横向排版，图面内所有元素便均呈横向变化趋势，这样整体图面就略显单调，对客户视线的引导也缺乏吸引力。

PART

3

版式设计构思

张弛有致

张弛有致

分别使用原版方形、贴边裁剪和轮廓裁剪三种方式

在同一个设计中同时采用原版方形、贴边裁剪和轮廓裁剪三种方式，可以让表现形式更加丰富，图面也更具动感。通过对照片采取不同的处理方式，可以强化各个要素给人的印象。

强调印象

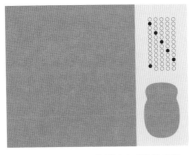

对同一要素采用不同的展示方式进行表现，可以强化各自给人的印象。

制造重点

在多张照片并置的时候，将想要突出的部分进行形状差异化处理，会使整个设计更有动感。

并置产生节奏感

排列时遵循一定的规则，这样，即便各个要素本身形式差别较大，最终也能呈现具有韵律感的效果。

印象不能过于相近 ✕

采用混合形式排版时，如果不同形式的照片所呈现的效果过于相近，就不能很好地起到强调作用。

- ☑ 有意识地将两张照片的形式进行变化
- ☑ 运用各种不同形式的照片进行排版，可以使图面更具动感
- ☑ 通过不同方式进行处理后，可以产生差别感，进而强化印象

Who		What		Case
20~50 岁的男性和女性	×	传达新商品的魅力	×	商品广告

使用贴边裁剪的大幅照片来强调布丁的口感，同时使用轮廓裁剪的照片来表现布丁包装成品的形式和大小，由此提升商品的认知度。使用同色系配色和曲线形轮廓的设计，可以打造优美柔和的特点。

Let's make

放置商品图像时，将图片裁剪为最能表现产品美味的状态。

01

放置裁剪照片

将主要照片贴边裁剪后置于版面上方约 2/3 的位置，这样能使整体图面具有稳定感。

2

1

张弛有致

toro fuwa pudding
とろふわ
プリン ¥540 (税込)

産地直送で
新鮮な鳥骨鶏卵を
たっぷり使用しました。
濃厚で贅沢な味わいを
ご堪能ください。

※売り切れの際はご了承ください。 ※特定原材料使用：卵・乳 ※店頭により販売期間や品目の変更、取扱いのない場合がございます。

02

放置文字和照片

放置一张沿轮廓裁剪后的照片以增强产品形式和包装给人的印象。在有大量要素并置的情况下，采用动静对比的手法可以进一步强化各自给人的印象。相对于具有动感的大幅照片，沿轮廓裁剪的照片在放置时更能保持稳定的感觉，这样才能取得整体图面的平衡。

沿着圆弧形状的瓶体进行裁剪，会给整体图面设计增添曲线要素，从而营造更加柔和的氛围。

MEMO

从摄影构图的训练中学习排版

在拍摄照片时，画面构图中有一种"1/3 法则"，即将整体版面三等分，主要拍摄对象占据版面 2/3 的位置，这样就能保持图面的均衡，这种方式也同样适用于排版设计。当你对构图和均衡感到迷茫时，可以通过这种拍摄构图练习多加尝试。

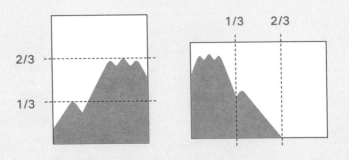

不同方式组合更具表现力

当针对同一要素有多张照片时，如果都采用同一种方式进行裁剪，它们所呈现的效果将过于相似，难以给人深刻的印象。将各种裁剪方式进行巧妙的组合运用，可以使整体图面更有张力，客户也能更容易理解。

03

放置标题

为了强化照片给人的印象，还需要增加标题进行说明。将文字沿着对象进行排版，可以增强文字与照片之间的联系，产生整体感。

将文字沿瓶口进行圆弧状布置，可以加强整体图面的柔和感。

制作弧形排版的文字

使用 ✐（钢笔工具）描绘一条弧线，使用 ✐（路径文字工具）点击刚刚描画的弧线，然后输入文字即可。

当文字与背景图片重叠时，给文字增加【发光】效果（参照 101 页）可以使文字更易于辨认。

强调方式之一——颜色

如果想在简单的设计中进行强调，可以通过增加颜色来吸引人的视线，仅针对某一点进行强调不会破坏整体效果。

让图像引人注目

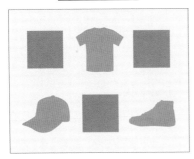

给想要引人注意的插图和照片等添加颜色，使其引起读者的注意。

强调核心内容

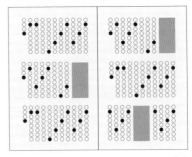

当文字信息量较大时，可以对想要强调的部分进行色彩强化处理，以此引起读者的注意。

三种颜色的平衡 ○

色彩配比的比例一般为基础色：主要色：强调色＝7：2.5：0.5，这种配色比例能使整体设计富有美感。

重点过多 ✕

如果所使用的强调色数量过多，会导致整体图面重点太多，更显混乱。

☑ 增加色彩可以使想要强调的部分引人注目
☑ 将比基础色强烈的颜色用作强调色，可以使图面更有张力
☑ 强调色的数量或位置过多，反而会减弱强调效果

Who	What		Case
30~40 岁的男性	提升店铺销量	×	购物网页设计

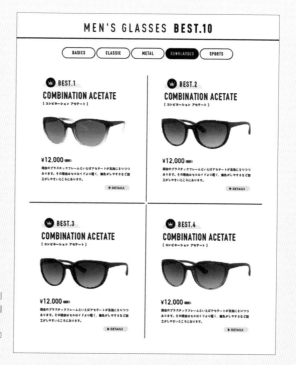

将产品整齐并置，给人以特别利落的印象。同时，在单色调的背景上将黄色作为强调色，打破其给人的呆板无趣的印象，使整体设计更具亲和力。

Let's make

01

放置照片和文字

控制基础版面的颜色数量，使设计尽量干净简洁，这样被强调的部分才会更加醒目。整齐并置的排版使整体图面具有规则感，整体空间显得稳定有序。

为了让商品形式更加清晰明了，将图像采用沿轮廓裁剪的形式处理。

02

增加强调色

给图面增加强调色。将强调色的使用范围控制在约占整体图面的 5% 为佳。设定好强调色后，选择最想要引人注目的部分进行强调。

如果胡乱过多地强调，会给读者散乱的印象，进而让读者产生混乱的感觉。

强调方式之二——打破重复

重复可以使设计产生韵律感，如果打破这种韵律，则可以产生引人注目的效果。在重复的要素中制造变化，通过差异性对比起到强调作用。

对单个要素进行变化

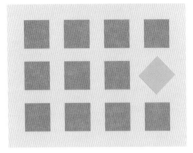

在重复的要素中对某个要素的颜色和倾斜角度等进行变化，能起到引人注目的作用。

与不同要素混合

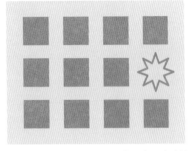

在重复元素中加入完全不同的要素，这种差异化对比也能起到突显的作用。

制造空白

在重复元素中将个别要素删除，留下空白空间，这也是进行强调的一种方式。

不明显的强调

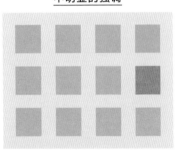

如果某一要素与其他要素的差异过小，不够醒目，就难以起到强调的作用。

- ✔ 规则性会让人感觉井然有序（参照 110 页）
- ✔ 混入单个不同要素能起到强调作用
- ✔ 寻找不同会给读者带来乐趣与享受

>>> Sample

Who	What	Case
小学生	号召大家参加活动	活动宣传单

×

版式设计好像要让人找不同一样，让人感觉这项活动很有趣。单个特别设置的刺猬图像与标题"海利先生"遥相呼应，整个设计让人印象深刻。

Let's make

将要素等距对齐布置，会使整体图面富有韵律感。

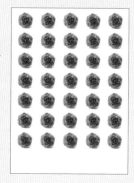

01

放置图片

将要素整齐排列布局，重复使用【对象】菜单栏下的【变换】→【移动】和【再次变换】命令（参照 112 页）即可完成。调整间距时可以使用【对齐】面板（参照 92 页）。全部完成后删除不需要的部分，注意保持整体图面的均衡。

放置文字

在重复布置的要素正中间置入宣传单的标题，可以起到引人注目的作用。考虑到后期要对单个图像进行强调，因此在基础图像上控制颜色数量效果会更好。在重复直线式排列的基础图面上，通过在局部加入其他要素，可以改变整体图面的节奏感，使图面更有动感。

"WORKSHOP" 这几个字采用曲线形式排版，增加了整体图面的变化。

MEMO

完成基础形式后再进行变化

设计时要注意，不要一开始就制造变化，而是应该在完成了基础排版之后进行变化，这样可以保留图面的韵律感。另外，在整齐的基础之上进行变化也会更加容易，便于生成各种各样的排版形式。

〈 基 本 形 态 〉 ➡ 〈 调 整 变 化 的 方 式 〉

一开始先将所有的要素整齐并置。　　　　使重点要素发生变化。

03

加入强调要素

将重复布局的要素之一替换为其他要素，可以起到强调的作用。替换时不要改变要素的位置和大小等，而仅仅将要素本身进行替换，这样图面仍能保持统一感，被替换的要素也能够得到突出。

替换时尽量选用形状相似的要素进行替换，这样可以减少违和感。

强调时，要素间的差异要明显

如果替换的要素过多，差异就会减小，强调效果也就不明显。只有当重复要素中所增加的要素具有明显的差异性时，才能很好地突出重点，表达出所想要展现的内容。

替换成刺猬图像的位置过多，导致重点模糊。

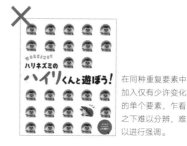

在同种重复要素中加入仅有少许变化的单个要素，乍看之下难以分辨，难以进行强调。

张 弛 有 致

线 条

用线条可以清晰地对内容进行分类，整体图面也会显得井然有序。此外，为了避免图面过于单调，我们可以变换线条的形式，使整体图面效果更加丰富。

分类

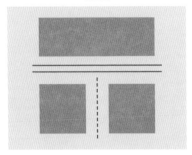

使用装饰性线条对内容进行划分，可以使图面更加井然有序。

围合

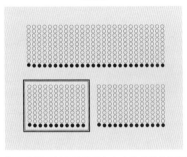

使用线框可以帮助读者在内容繁多的情况下依然能够进行有序阅读。

省略

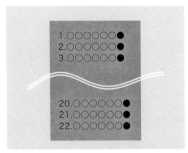

在较长的版面中，通过波浪形线条将图面切断，可以暗示其间所省略的内容。

强调图片

通过线框将图片与背景颜色明确区别开来，可以强化人们对图片的印象。

- ☑ 明确每个内容版块的边界，使内容更加清晰
- ☑ 严密的划分使整体设计更具稳定感
- ☑ 使用线条可以使整体具备统一感，同时紧密的空间布置也会使图面更有张力

Who	What		Case
30~40 岁的女性	介绍所推荐的新商品	×	美容杂志

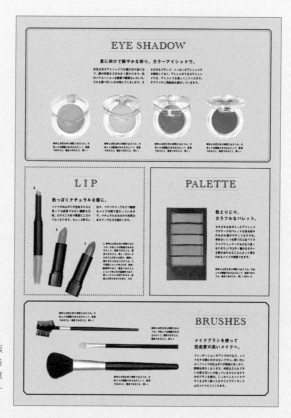

按照 COSME 的条目分类进行版块整理，阅读起来会更容易。各个版块之间用明确的装饰性线框加以区分，整体图面既具备统一感，也具备稳定感。

Let's make

张弛有致

 01

划分各版块的空间布局

根据各个版块内容量的多少进行空间划分，排版时注意整体图面的平衡与美感。空隙的大小可使用【对齐】工具进行调整（参照 92 页）。

02

放置文字和照片

将照片进行裁剪可以使图面更具动感。另外，
照片的局部可以略微超出线框的范围，这样可
以制造出局部变化，适度打破过于规整的图面
布局。

将口红的照片沿轮廓裁剪，放
置时可使用 ⟲（旋转工具）
进行旋转。

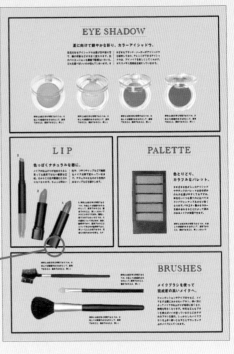

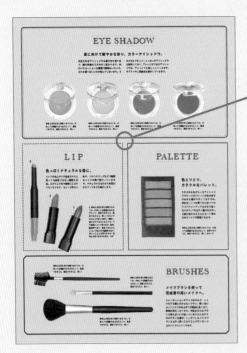

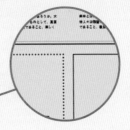

添加装饰使图面更有张力

如果图面中所有的线框都一样，就未免过于单
调，我们可以对每个版块的线框进行不同的装
饰性处理，在保证颜色统一的前提下，对各个
图框的具体形式进行调整，这样也可以进一步
对各个版块进行区分。另外，各个版块的标题
部分都使用线框进行装饰，这样可以使整体图
面更具统一感与稳定感。

制作各种各样的线

〈双线的制作方法〉

将想要变为双线的线框使用快捷键⌘（Ctrl）+C进行复制，然后使用⌘（Ctrl）+F进行原位粘贴。选择复制后的线框，打开【效果】菜单下的【路径】→【位移路径】面板进行调整，勾选【预览】来调整位移幅度，然后再调整线的粗细，这样就可以制作出双线线框了。

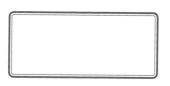
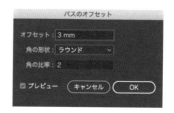

〈点画线的制作方法〉

选择想要转变为点画线的线条，打开【描边】工具，并勾选【虚线】选项，然后调整虚线与间隙的具体数值，以调整整条虚线的样式。如果想要制作圆点式的虚线，需要将【端点】的形式调整为【圆头端点】，同时将【虚线】下的【虚线】数值设置为"0"，设置【间隙】的数值来调整圆点的间距（最小应大于线条粗细的数值）。

〈线框角部的变形方法〉

选择想要调整角部的线框，打开【变换】面板，在【矩形属性】内便可选择和更改边角的形状，通过输入数值可进一步调整变形程度。如果希望对角进行单独编辑，点击解除中间的【链接圆角半径值】即可。

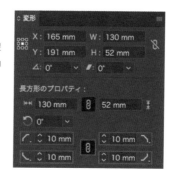

张弛有致

对比

单色调和全彩色的组合运用可以营造视觉上的强烈对比，把读者的目光集中在主要图像上。活用这种对比手法，可以使图面在具备统一感的同时也不乏冲击力和表现力。

全彩照片 + 全彩照片

在彩色照片之上叠加彩色照片，两者之间界限模糊而难以辨认。

单色背景 + 全彩照片

运用对比使人的目光集中在主要图像上。

图形 + 全彩照片

线图或剪影图等图像与照片进行组合的表现形式能够对照片进行强调。

单色照片 + 全彩照片

将彩色照片置于单色照片之上也可以使主要图片给读者深刻的印象。

☑ 采用拼贴方式，可以让图面既显得丰富热闹，也具备稳定感
☑ 加入插图可以让图面显得更加柔和
☑ 置于单色调背景之上的彩色照片会非常醒目

Who	What		Case
20~40 岁的男性和女性	为活动招揽客户	×	品牌广告

通过对比的手法强调书本的照片，复古的色调从视觉上很好地表现了旧书售卖的主题，另外在方正的书籍照片之间加入了单色调的插图装饰，以缓和生硬的照片边缘，使整体图面呈现出更加柔和的效果。

Let's make

01

放置文字

决定整体的排版形式后放置文字。基础色采用与内容形式相关的颜色，想要突出的文字部分则选用基础色的对比色来予以突出。

张弛有致

基础色采用有复古气息的靛蓝色，标题文字则采用与之对应的黄色来进行强调。

巧用对比色

通过采用基础色的对比色进行强调，可
以突出想要表达的内容。对比色的应用
有利于起到强调的作用，比如黄色和蓝
色、红色和绿色等，可以参考色环来挑
选对比色。另外，如果在黑色背景上使
用明度差别较大的颜色，也可以起到如
对比色般的强调效果。

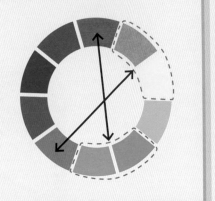

02

放置照片

放置主要照片。有意识地将这些照片的大小、倾斜角
度等进行变化，营造自由随性的感觉（参照 140 页"随
性与有序的平衡法"）。

03

增加背景装饰

在背景中加入单色调的插图装饰，将留白空间填满，可以使图面显得更加丰富。主要书籍的照片较为生硬，配合形状各异的手绘插图进行表现，可以使整体图面显得更为柔和。插图采用单色调表现形式，也可以与书籍照片产生对比，进而产生强调效果。

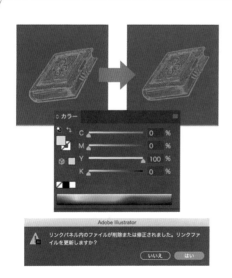

利用 Tiff 素材可以方便地改变颜色

利用 Illustrator 可以将 Tiff 素材方便地调整为与对象相同的颜色。使用 ▶（**选择工具**）和 ▷（**直接选择工具**）选择想要改变颜色的对象，使用【**颜色**】面板进行调整。或者将图像在 Photoshop 上进行修改并保存，在 Illustrator 上会跳出"是否更新链接"的对话框，选择"是"便可以更新为最新保存的图像了。

分格

类似漫画风格的分格式版式设计能够给人密实感与亲切感，引起读者的兴趣。这种版式设计具有很强的方向性和故事性，读起来很有趣。

走向明确

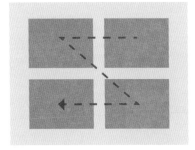

因为大多数人都有过阅读漫画的经历，所以读者能够自然而然地知晓阅读顺序。

拼贴式漫画风格

将各种图像按照漫画的方式进行排版，相互之间自然就能产生关联性。

利用图框

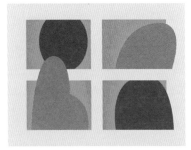

布置照片时，局部超出图框能够使图面更具动感。

与对话框组合运用

加入装饰性对话框可以增强图面的故事性。

- ☑ 即便是略为晦涩的内容也能显得很有趣，不会让人觉得无聊
- ☑ 漫画式布局很容易创造故事性
- ☑ 图面紧密而富有亲切感

— Who —	— What —		— Case —
20~30 岁的男性和女性	营造故事性，引起读者的共鸣	×	活动宣传单

漫画式的版式布局展现出如果参加了活动可能会发生的故事，以此来表现此次活动的魅力。设计采用柔和的波普风格，让人感觉此次活动亲切而富有活力。

Let's make

 01

制作漫画式布局

漫画分格数量是根据插画的数量、想要表达的内容及表现形式等决定的。比如宣传画的设计会希望人们从远处也能一眼看出大致的内容，因此插画的分格较少，甚至为单个分格。而身边见到的传单的分格相对较多，不过最多也就 7~8 格，这样阅读起来不会太复杂。

02

设置文字

用分格对插图进行布置之后，文字也使用与之一致的颜色来营造统一感。另外，为配合故事性，文字字体应选用有趣的字体，与整体可爱的氛围相一致。

MEMO

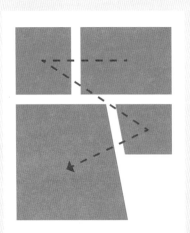

制作以漫画式分格为基础的版面

日本漫画均为右开本，阅读顺序为自右上至左下的反Z字形，台词也多采用纵向排版。版式设计如果以漫画分格为基本排版形式，虽说也不是非得遵循漫画的图面要求不可，但是如果有意识地依照这种读者所熟悉的方式进行排版，会让读者产生亲切感。另外，加入效果线和效果音等元素，可以进一步强化图面的漫画感。当然，也可以参考别的漫画，尝试使用横向排版，这样会使整体图面更加密实完整。

2017.10.28 sat
Time 18:00-21:00 (Last order 20:30)

参加費　男性 5,000 円・女性 3,000 円　　会場　ENMUSUBI-Cafe 表参道

参加者
募集中!

03

增加装饰

选择与内容相适宜的素材作为背景可以进一步强化整体形象，同时，将标题文字设置为描边字体，与漫画的图框相呼应，也可以使整体氛围更加和谐。在设计描边文字时，要注意文字内部的颜色与描边的颜色应产生强烈的对比。

调整描边文字的外框

如果在【颜色】面板中直接给文字增加描边外框，所呈现的效果往往会描边过粗，文字也难以辨认。这种情况下，我们可以在【颜色】面板中将文字的【填色】和【描边】均设定为"无"，然后打开【外观】面板，在右上角的选项中添加新的【填色】和【描边】，在下方新出现的选项中即可调整描边的宽度，这样可以在不影响文字可读性的前提下调整文字的外框宽度。

活用报纸式设计

密实的报纸风格排版能够对大量的内容进行整理，并给人严密的印象。同时，通过加入照片和部分装饰，可以使整体设计更加柔和。

经济类报纸风格

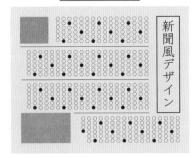

在报纸风格中属于比较亲切的类型，能够在文字内容较多的情况下依然让人感兴趣。

复古图面风格

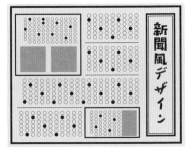

能够营造复古风的感觉，图面与纵向排版的媒体相适宜。

英文报纸风格

多用于菜单和杂志等物品介绍页面中，在使用大量照片的媒体中也能达到较好的效果。

体育报纸风格

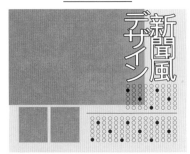

如同恶搞般极具特色的体育类报纸总能引起人们的兴趣。

- ☑ 图面设计传统而密实
- ☑ 版块的划分使整体内容清晰有序
- ☑ 缺乏动感，则需要加入照片和装饰等要素

Who	What		Case
20~40 岁的男性和女性	营造华丽感以引起食客的兴趣	×	餐厅菜单

采用英文报纸风格来设计餐厅的菜单，使整体设计图面富有趣味。排版时将内容要素分版块进行整理，这样可以清晰地表现菜单的分类情况，让食客更容易理解。

Let's make

01

制作基本版面

将内容要素进行分类，并将整体版面划分为相应数量的版块。将最想展示的内容放置在上方的位置，同时也能引导读者的视线移动。以网格为基础，将各版块的内容整齐排列，便可以表现整齐密实的报纸风格。

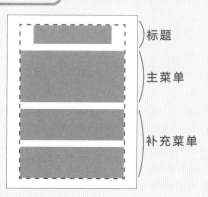

标题

主菜单

补充菜单

将最重要的内容布置在最上方是报纸排版的特色

根据内容的重要程度依次进行排版的手法，保证了将最想要传达给读者的信息尽早而简洁地传达出去。本案中，将读者最想要选择的比萨菜单放在最上方，然后是配料，最后是饮品，这也是根据点单的顺序排列的。另外，为了防止读者视线移动过快而无法详细阅读各版块的具体内容，须在各个版块内增加一定的重点（停留点）来引起读者的注意。

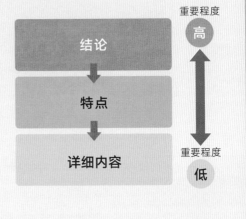

02

放置文字和图片

版块式布局容易给人僵硬无趣的印象，因此我们将照片进行轮廓裁剪以增加图面的动感。同时，对每个版块内的构成方式进行少许变化，可以避免整体图面过于单调。

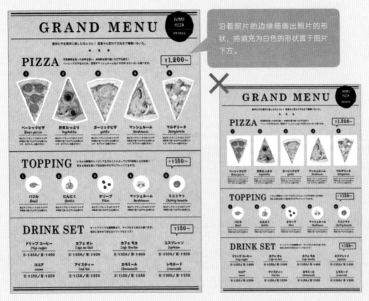

沿着照片的边缘描画出照片的形状，将填充为白色的形状置于图片下方。

03

增加装饰元素使图面更具动感

给要素增加装饰，使图面更具动感。本案中的使用手法包括将显示价格的对话框进行倾斜，并在下方增加装饰性线条；在各个版块的标题前使用线条状的图标进行装饰等。通过增加每个版块所共有的装饰性元素，可以增强图面的统一感。

价格的图框和标题的装饰都富有童趣。

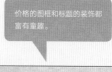

制作带状装饰物

使用 ▣（矩形工具）画一个长条形，使用【移动】→【再次变换】命令进行多次等间距复制。完成后选择所有的长条形，使用 ✒（倾斜工具）进行倾斜，变成斜线，另做一个大小合适的正方形，并将其置于斜线上方，将其全部选择后点击【建立剪切蒙版】，便可以得到正方形形状的斜线装饰块。

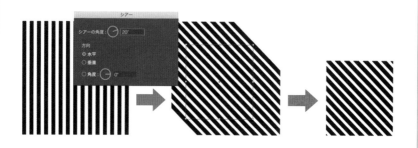

活用对话框

在版式设计中使用对话框，可以给人活泼欢快的印象。使用多个组合式对话框还能够营造大家一起交流意见的现场感。

改变印象

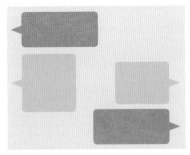

改变对话框的形式，就能改变其中的文字给人的印象。

表现热闹

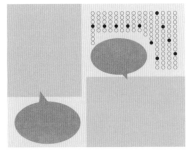

使用多个对话框，可以呈现大家一起交流意见的热闹氛围。

对话感

两种对话框交替使用，可以呈现一问一答的效果。

强调

对标语或照片等使用对话框形式进行装饰，可以起到强调的效果。

- ☑ 多个对话框的使用，可以使人产生对谈或网上聊天等直接交流的感觉
- ☑ 富有韵律感，可以表现欢乐的氛围
- ☑ 具有视觉冲击力，可以起到强调的作用

Who	What		Case
20~40 岁的女性	以可视化内容引起对方内心的共鸣	×	美容广告

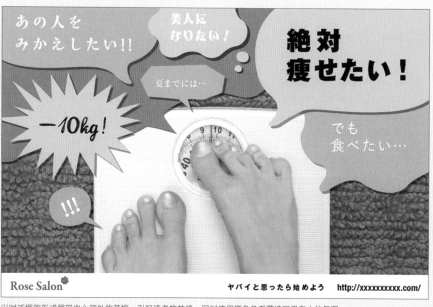

以对话框的形式展现内心深处的苦恼，引起读者的共鸣。同时使用橙色色系营造积极向上的氛围。

Let's make

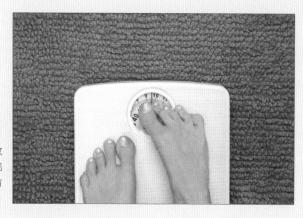

01

放置照片

一边考虑对话框的位置，一边放置照片。我们希望此广告具有视觉冲击力，因此在裁剪图片时有意将主体对象放大。

制作各种各样的对话框

〈具有欢快感的对话框〉

使用 ◯（椭圆工具）画出一个椭圆，然后使用 ✎（钢笔工具）描画出对话框的尾巴部分，选择这两个对象，点击【路径查找器】面板的【形状模式】→【联集】即可生成拼合路径。

〈具有冲击力的对话框〉

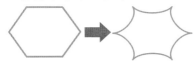

使用 ◯（多边形工具）描画任意一个多边形。多边形的边数越多，后期完成后每个顶点的刺状就会越明显。打开【效果】菜单下的【扭曲和变换】→【收缩和膨胀】面板，勾选预览后，便可以使水平滑动条上的按钮向【收缩】端移动，以调整效果。另外，如果按钮朝向【膨胀】端移动，多边形就会呈现花瓣的效果。

〈带有阴影的对话框让人印象深刻〉

选择对象，打开【效果】菜单栏下的【风格化】→【投影】面板，在面板内调整相应数值，便可以调节投影效果。比如，如果希望投影效果清晰利落，就可以将【模糊】选项的数值调整为"0"，对象便会产生原样投影。

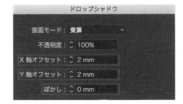

〈让人感觉苦恼的对话框〉

使用 ◯（椭圆工具）描画一个椭圆，选择椭圆并打开【效果】菜单下的【扭曲和变换】→【波纹效果】面板，勾选预览后，选择【点】的样式为【平滑】，然后调整大小数值，以调整整体效果。另外，【点】的效果如果选择【尖锐】，则会产生如针刺般的效果。

02

装饰对话框

为了避免图面效果过于单调，我们可以使用各种形式的对话框。配合文字内容选择不同对话框进行强化表达的方式，能够使文字内容更具表现力。如果你不知道该如何对对话框进行设计，不妨参考一下漫画书，说不定就能找到灵感了。

配合整体氛围，选用恰当的色彩对话框进行装饰，能够进一步强化文字的表现力。

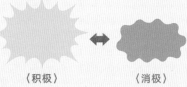

〈积极〉　　　〈消极〉

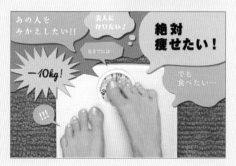

03

改变对话框内文字的字体

改变对话框内文字的字体，可以创造很多人一起参与对话的效果。对语气重的内容使用强有力的加粗字体，对语气弱的内容则使用纤细柔和的字体，这种根据文字内容不同选择相应字体的表达方式，可以进一步增强文字的传达效果。

MEMO

将对话框分组展示

单色对话框不免过于单调，而如果颜色过多，又会使整体图面过于凌乱。这种情况下，使用不同浓度的同色系对话框，便能达到丰富而不杂乱的效果。另一方面，对话框越多，越能表现热闹的氛围，但数量过多又容易给读者造成阅读压力。这种情况下可以通过加入某种对象使之分组呈现，这样就可以创造丰富紧密的效果。

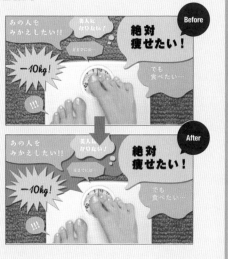

拼贴

拼贴是一种将大量素材进行组合展示的排版方式。这种方式自由度高，可以表现各种内容的组合，图面处理如同拼贴画一般呈现出热闹欢乐的气氛。

轮廓照片的拼贴

将各种形状的实体照片进行拼贴，给人热闹的印象。

轮廓照片与方形照片的组合

直线与曲线的组合使设计富有动感，图面具有张力。

文字拼贴

将文字进行拼贴设计，能给人深刻的印象。

要素分布过于均匀 ✕

难以辨别哪一个才是主要表达的对象，容易造成读者视觉疲劳。

- ☑ 自由度高，表现形式丰富多彩
- ☑ 能够营造热闹欢快的气氛
- ☑ 照片有大有小才能使图面具有张力，否则会显得凌乱

Who	What		Case
20~40 岁的男性	通过丰富的商品来吸引客户	×	户外杂志

户外杂志特辑的扉页。通过丰富的商品介绍营造热闹的气氛，以此引起读者的兴趣。此外，照片本身的布置也极富动感，演绎出让人想要外出游玩的欢乐气氛。

Let's make

01

放置文字

画一张粗略的草图，大致确定版面构成关系。本案中，为了强调商品的丰富性，将文字元素全部集中设置在中间。将照片放大排版，能形成让人感到开阔的构图。

将照片自由摆放可以给人活泼的印象，文字部分则规整布置于画面中央，以维持画面的稳定感。

视觉

02

放置照片

首先将照片随意放在图面上，放置时注意整体图面的平衡，将色彩鲜艳明亮的物体均质布置。接下来，为了增强图面张力，将部分关键照片放大，将放大的照片布置在图面对角线的位置，以维持平衡。为进一步给人丰富热闹的印象，我们将照片倾斜以使其更具动感，营造更加欢乐的气氛（参考140页"随性与有序的平衡法"）。

部分照片局部超出图面范围之外，可以给人商品非常丰富、向四周无限扩散之感。

194

03

增加装饰进行强调

与方形照片不同，沿轮廓裁剪的照片在排版时难免会产生很多空白空间，容易使图面显得简陋。为了避免这种情况，我们可以在空白处增加文字（商品名称）装饰，这样也可以起到强调作用。为了增加文字与照片之间的联系，文字须与照片就近放置，形式和方向也可以随着物品进行调整。此外，整体图面应控制色彩的使用数量，以便更好地突显照片。

在控制色彩数量的情况下，如果希望进一步增强标题的表现力，可以将部分文字变成空心文字。本案中选择对关键词"CAMP！"进行强调，以更好地表达核心设计内容。

— MEMO —

图版率越高图面越显热闹

图版率是指在一个图面中图像所占面积与整体图面面积的比值，全部由文字构成的图面的图版率为 0，而全部由照片覆盖的图面的图版率为 100%。图版率越低，整体图面越显得沉稳，图版率越高，图面越显得热闹。我们在设计时可以根据具体需要对其进行调整。

〈 图 版 率 低 〉　　　　　　〈 图 版 率 高 〉

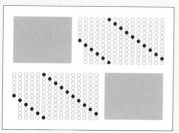

给人以沉静稳定的印象。

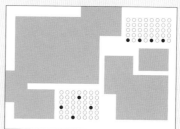

给人以活泼热闹的印象。

信 息 图 例

信息图例是一种将数据、统计信息及文字等需要花大量时间进行理解的内容以图像化形式进行表达的手法。这种手法可以将复杂的信息简洁地传达给读者。

将内容进行罗列的排版

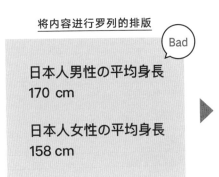

仅将原始数据信息进行罗列，对读者而言不太友好。

使用图示进行表达的排版

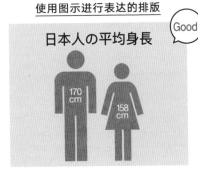

加入具有象征性的图示进行表达，可以让读者更容易理解。

图标

对事物进行图像化表达的图标也是一种信息图例。

示意图

信息图例可以不通过文字而仅通过图像来进行表达。

- ☑ 使用信息图例可以让人一下就能理解所要表达的内容
- ☑ 图表等数据的正确性至关重要
- ☑ 避免整体图面过于理性，为图面增添柔性表达

>>> Sample

Who	**What**		**Case**
20~30 岁的男性和女性	介绍全国各地的特产	×	文化杂志

结合地图对内容要素进行图像化表达，可以让读者一眼就了解所要表达的主要内容。整体图面中仅地图部分使用了大面积色彩，起到了很好的突出作用，容易引起读者的兴趣。

Let's make

01

整理基本素材和文字

根据所要表达的内容选取合适的版式。本案中，为了介绍日本各地的特产，以地图作为图像载体，以便将各地特产及其产地较好地联系起来。

02

加入特产插图

加入核心内容的图标或
示意图，可以更直观地
表达图面主题。本案中，
在地图相应的位置放置
代表该地特产的物品图
标，直观展示了各种特
产及其产地。

图面中仅地图和各特产图标饰有颜
色，因此显得尤为突出。

MEMO

明确图示化信息

图像化的基础在于取舍，需要我们
忽略不重要的信息而保留关键的内
容。如果数据等核心信息的表达不
够明确，就不能算作成功的图示化
表达。此外，涵盖过多信息容易给
读者造成混乱，我们在表达时一定
要筛选数字／位置／比例等关键信息，
这样才能进行正确的图示化表达。

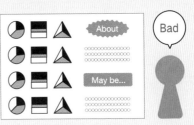

要素过多，内容繁杂，容易造成混乱。

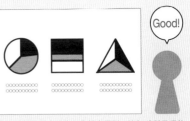

在设计前需要先明确一些基本原则，比如"所呈现的
要素不宜超过三个""明确表达数值"等。

03

内容引导

使用引出线将详细内容与图示信息相连，可以更好地引导读者的视线。设计师应避免内容表达模糊不清，尽量准确表达正确的位置和数值等内容。

04

增加装饰以进行强调

改变产地文字的字体以进行强调。整体图面文字使用哥特体以塑造统一感，各产地文字的首字母则使用 4 种不同的字体以产生变化。以表达数据为主的图面很容易给人单调古板的印象，我们在设计时可以通过字体的改变为整体增添趣味，使设计更具亲切感。

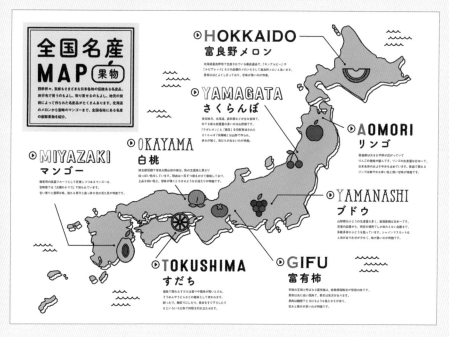

根据对象选择合适的字体

同样的内容分别以明朝体和哥特体进行表达，所呈现的效果会大不相同。字体的选择应依据对象、目的、媒体形式三者进行综合考虑。下面以实际案例对此进行比较说明。

基本印象

明朝体

女性らしさ
上品

不强调个性和特色，适用于多数场合。系列字体给人的基本印象较为柔和，但具体字体不同，也会给人带来和谐、成熟或强硬之感。

哥特体

男らしさ
カジュアル

哥特体外形强而有力，能够使设计具有分量感，常用于希望表现出强烈冲击力的设计中。较细的哥特体还能给人以空旷感，使人感觉到如同精密仪器般的舒适感。

思考流程

题材	对象	想要传达的内容	如何进行表达
Case	Who	What	How

设计源于题材。在题材已定的前提下，首先需要明确对象是谁，然后确认所要传达的内容具体是什么，要点在哪里。根据对象的不同，我们所需要强调的要点也不同，进而所采取的设计方式也会不同。一旦这些内容得以确定，设计所呈现的基本效果也就得以确定，我们自然就知道该选择什么字体进行展示了。

- ☑ 了解不同字体所代表的不同意象，才能进行有效运用
- ☑ 在明确对象、梳理内容之后，再选择适合的字体
- ☑ 有时反其道而行之，选择效果完全相反的字体，反而会产生极具冲击力的效果

字体的选择方法

在内容要素中筛选所要呈现的关键点。即便是同样的题材，根据项目关注点、目标和对象等的不同，面向对象的展示方式也有所不同。下面将以啤酒广告为例展示两种截然不同的设计案例。

Case
啤酒广告

Who	Who
注重品质的消费者	喜欢喝酒的社会人士

What	What
想要品尝高品质的啤酒	让人想要一罐接一罐地喝啤酒

How	How
充足的空间留白以体现高级感	具有强烈动感和冲击力

+	+

Image	Image
精致感、高级感	美味啤酒的爽快感、冲击力

明朝体
基础高级感的明朝体

哥特体
强有力的、直线切角的哥特体

MEMO

衬线体与无衬线体

英文字体大致可分为衬线体和无衬线体。日语中的明朝体就是一种"衬线体"，这种字体的特点是在笔画的末端附带装饰，能够给人古典高级的印象。哥特体是一种"无衬线体"，这种字体没有装饰，给人以简洁明快的印象。当需要将日语和英文混合排版时，可以活用明朝体、衬线体和哥特体、无衬线体进行组合，注意保持整体风格一致即可。

〈衬线体〉

A **A** A

〈无衬线体〉

A A A

— **Who** —	— **What** —		— **Case** —
注重品质的消费者	想要品尝高品质的啤酒	×	啤酒广告

各个要素间均留有充裕的留白空间，整体给人以高级稳定之感。整体图面色彩的数量较少，字符间距大，给人以舒适欢愉之感。

Step.1　　思考核心诉求点

■ 强调商品的特别感
■ 打造优质高级的形象

图面整体应要素精炼、空间富余，这样才能呈现高级感。本案将对于读者的信息输出点集中于"特别的啤酒"这一点上，不仅易于表现商品的品质感，同时也易于形成清爽利落的图面效果。

> 注意如果字体笔画过细，会降低文字的可读性。

Step.2　　设计展示方式

在充裕的空间内布置较小的文字，可以让人感受到空间的奢侈感。标题文字中的日语部分选择使用明朝体，英文部分使用衬线体，从而形成良好的统一感。同时，部分文字使用手写体，为整体增添了柔和的感觉，字体排版整洁，字距宽，整体给人以特别悠然宽裕的感觉。

Who	What		Case
喜欢喝酒的社会人士	让人想要一罐接一罐地喝啤酒	×	啤酒广告

巨大的哥特体标题配合全幅照片使整体图面具有强大的冲击力。设计师须注意，如果画面颜色过多，容易丧失关注点，动感过强，则容易丧失稳定感，一定要充分把握整体图面的平衡。

Step.1 思考核心诉求点

- 强调商品的爽快感
- 具有动感的图像

希望带给读者爽快感和亲切感，进而提升客户购买商品的意愿。通过整体图面的设计营造夏天的氛围，让人不由得感觉喉咙干渴，想要一罐接一罐地喝啤酒。

字符间距过大会给人以松散缓慢的印象。

Step.2 设计展示方式

将使用哥特体的标题文字向右倾斜，与图像方向一致，使整体图面更具动感。字符间距不宜过大，以强调力量感，字符大小略有不同，也使图面更具动感。整体图面冲击力强，富有张力。此外，文字部分的色彩数量不可过多，这样能使整体图面更有魅力。

儿童类

当目标对象是儿童时，一定要注意图面信息量不宜过多，须简明扼要。设计时可多采用轮廓裁剪照片和插图元素等，使图面更有动感；丰富的色彩也容易引起儿童的兴趣。

对象的倾向

- 相较于内容，儿童更容易对视觉效果产生兴趣
- 喜欢丰富亮丽的色彩（原色系）
- 喜欢热闹欢快的气氛

选用图像时，应注重图像的冲击力与表现力，展示方式也需要多加考虑，尽量营造色彩鲜艳、富有动感的图面效果。相较于内容的丰富性，针对儿童的版式设计更应该对核心部分予以清晰简明的展示。整个设计应大而明亮，呈现出欢快的气氛。

常用的颜色

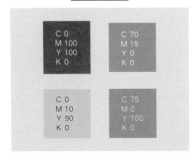

使用丰富明亮的色彩易于营造欢快的气氛。

常用的字体

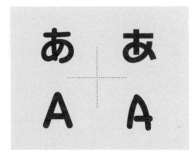

儿童更喜欢笔画圆滚滚或类似手绘风格等的流行字体。

- ☑ 使用轮廓裁剪照片、插图和形状等营造动感
- ☑ 丰富亮丽的色彩给人以欢乐与活力的印象
- ☑ 具有节奏感的设计更容易营造热闹的气氛

>>> Sample

Who	What		Case
小学生	快乐地点单	×	饮品菜单

将裁剪后的商品照片与能够直接体现饮料口味的水果、蔬菜等的插图组合布置，可以让人不看文字也能理解所要表达的内容。图面内容丰富，色彩亮丽，整体感觉如绘本一般，轻松有趣。

Step.1 　　**思考核心诉求点**

■ 将饮品种类通过浅显易懂的方式进行展示
■ 营造充满乐趣且富有活力的气氛

本案中，版式设计的核心在于展示各种饮品类型，以帮助客户进行选择。整体设计应富有趣味性，以提升客户的购买欲。

Step.2 　　**设计展示方式**

> 背景不做留白，强调整体的欢乐气氛。

整体图面设计通过插图的形式对主要元素进行表达，忽略其他无关紧要的要素，从而使图面简洁清爽，让人一下子就能感受到欢乐的气氛。多彩的设计吸引儿童的兴趣，字体上也选用了可爱有趣的字体，排版方式也进一步强化了画面的动感。

目标对象

生活方式类

与生活方式有关的媒体内容一般会营造悠然闲适的空间氛围。图框和装饰都会选择简洁的样式，以使整体更加清爽利落，从而呈现出品质优良、优雅高级的意向。

对象的倾向

- 相比价格更重视品质与价值
- 喜欢简约沉静的空间
- 喜欢整齐优雅的效果

为了表现品质优良和安静沉稳的整体形象，排版时要注意字符间距和留白空间均应较为充裕，以营造悠然闲适的空间氛围。装饰要素应避免过于华丽，内容要素应控制整体数量，最好都以简洁的图块化形式进行呈现，因为越简单越高级。

常用的颜色

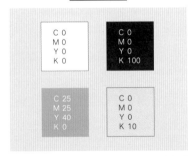

常用大地色系和自然色系，给人以高级的印象。

常用的字体

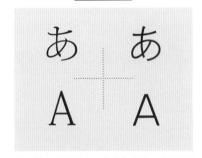

常用基础型的给人奢华感的字体，字体间距较大，营造了安静沉稳的氛围。

- ☑ 注重留白空间，以营造悠然闲适的感觉
- ☑ 文字仅使用黑色，更能衬托出照片的色彩
- ☑ 版式布局规整有致，更具安静沉稳之感

┌─ **Who** ─┐ ┌─ **What** ─┐   ┌─ **Case** ─┐
30~50 岁的女性   介绍有益身体的商品   ×   生活方式系列

方形照片和布局规整的文字内容，使整体图面给人沉稳之感。细线图框的围合，强调了周边的留白空间，整体呈现高雅之感。

Step.1 　思考核心诉求点

■ 重点强调饮品的优良品质
■ 给人自然健康的印象

本案的重点在于着重描述该健康饮品的高级品质。通过整齐有致的版式布局，让人不由得产生品质优良、值得信赖之感。

Step.2 　设计展示方式

在留白的简洁版式中演绎出高级感。

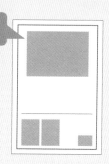

字体选用基础字体，避免过多变化，以营造沉稳感。标题文字周边留有充足的留白空间，配合主体照片引起读者兴趣，显得非常高级。此外，使用的颜色仅限于黑色，反而衬托出照片的色彩。简洁的线框使得整体图面更加井然有序，画面简洁，不做过多装饰。

商业类

商业类的版式设计有两个要点,一是主体内容一定要十分突出,二是整体效果一定要让人觉得值得信赖。在此基础之上对商品的特点进行强化展示,以引起客户的兴趣。

对象的倾向

- 尽快掌握并理解内容要点
- 内容越真实清晰,越有说服力
- 内容整齐有序则能呈现出更好的效果

对于追求效率的客户而言,能够结合具体实例将要点迅速展示出来是最为重要的。将数值、数据等客户最为关注的信息通过标题或标语的形式进行展示,能够取得较好的效果。整体版式设计应整齐有序,内容清晰明了,这样可以提高商品的说服力,赢得客户的信任。

常用的颜色

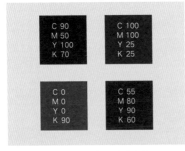

使用深色可以给人沉稳真实的印象。

常用的字体

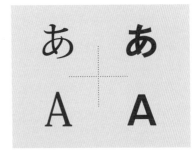

字体不能太随意,且一定要易于阅读,这样可以提升客户的信赖感。

- ☑ 整洁的版式会让人感觉更加真实可信
- ☑ 把照片裁剪掉,给人以强有力的印象
- ☑ 文字应放大,具有较强的力量感和信息表现力

Who		What			Case
40~50 岁的男性		售卖商品		×	商业系列

贴边裁剪的照片给人以巨大的冲击力，沉稳的配色则给人以真诚的印象。"每小时卖出100个"这一标题配合线条装饰进行强化展示，使读者对内容感兴趣。

Step.1　**思考核心诉求点**

■ 让人理解为何要购买这个商品
■ 给人以值得信赖的印象

设计的核心内容是有益于健康的人气饮品。内容要素应整齐有序，易于理解，深绿色的主色调可以营造健康的氛围。

大幅照片的设计让人一眼就能了解所介绍的商品是什么。

Step.2　**设计展示方式**

大幅商品照片极其引人注目，给图面带来强而有力的整体印象，控制色彩的使用数量则为整体增添了沉稳感。标题字体的设计重视可读性，干脆利落的大字非常引人注目。另外，对于客户购买情况的介绍也非常引人注目，进一步提升了客户的兴趣。

网购商品类

将具有冲击力的内容要素与进行详细介绍的内容要素组合布置，可以进一步提升商品的吸引力。购买信息等内容通过引导线等进行特别展示，便于吸引读者的注意。

对象的倾向

- ■ 希望了解商品的特点和价格
- ■ 既重视商品形态，也重视商品功能
- ■ 方便读取内容信息的图面设计最为有效

对于购买商品而言，最为重要的商品特点和价格信息等内容最好能一目了然。如果商品引起了读者的兴趣，结果读者却因为不知道价格等具体信息而最终放弃购买，就太可惜了。我们在进行版式设计时，应充分考虑图面冲击力与信息可读性之间的平衡，增加一些有趣的装饰，这样才能让人感觉亲切，从而乐于购买。

常用的颜色

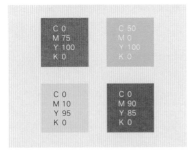

一般常选用能够体现食物美味的暖色系，或者能够对商品本身进行强调的颜色。

常用的字体

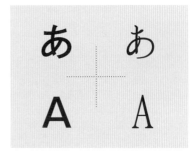

既要兼顾文字的可读性，也需要增加一些有趣好玩的字体，可以将两者搭配使用。

- ☑ 混合使用方形照片和轮廓裁剪图片，可以提升图面的表现力
- ☑ 将内容要素进行图块化整理，简明清晰
- ☑ 贴边裁剪的主体照片更能给人深刻的印象

>>> Sample

Who	What	Case
20~40 岁的女性	塑造健康的形象，让客户有购买欲望	× 销售传单

大幅照片以大量健康食品置于餐桌上来表现客户能够从中获取的营养，同时配合沿轮廓裁剪出的包装完好的照片，进一步强化商品的意象。商品的名称、价格、种类等内容信息被整合在一个单独的图框之中，客户如果想进一步了解，就能够很容易获取相关信息。

Step.1　思考核心诉求点

- 购买信息包括商品名称、价格等
- 塑造健康的形象

为了同时表明商品的规格、功效等各项内容，必须将引人注目的内容与不引人注目的内容分开整理。为了匹配健康时尚的生活，我们通过形象的字体设计对购买信息进行分块整理。

Step.2　设计展示方式

将读者想要了解的信息全部整理在一起，便于读者购买。

改变各个要素的字体和装饰等，使整体图面富有动感。采用了与商品特性匹配的明亮色系，同时控制强调性色彩的数量，以避免整体色彩过多而导致主体照片不够突出。将重要的内容置于图框之中，放在显眼的位置。内容整理清晰，配合适当的装饰，强化给读者的印象，从而提升客户的购买欲。

01 版面率

在版式设计中，文字和照片等要素所占据空间的大小被称为
"版面率"。版面的内容物是由四边空白区域围合起来的，
这些区域被称为"界边"。根据界边大小不同，版面会呈现
完全不同的形象特质。例如在右边的案例中，上方的版面留
白较少，给人以"热闹""有活力"的印象，而下方的版面
留白较多，给人以"优雅""静谧"的印象。在开始进行版
式设计之前，先决定好四边留白空间的多少会使目标更加明确，
从而使信息的传达也更加容易。

02 在印刷中分别使用不同的"黑"

在印刷中存在"单色黑""混合黑""四色黑"三种不
同类型的黑色。在实际使用过程中，单色黑为了避免看
不清，会采用"叠印"的方式，但这样一来就很容易出
现背景透色的问题，在这种情况下就需要使用混合黑来
避免这个问题。四色黑因印刷时墨水的浓度过高而干得
很慢，当纸张被叠放时，很容易沾染后面的内容，有损
印刷版面效果，因此不太推荐这种方式。总之，当我们
需要用到黑色时，应当根据印刷对象的特点来选取不同
的印刷方式。

单色黑

可以使较细的文字或线条等清晰地
显示出来，但容易产生背景透色的
问题。

C0%
M0%
Y0%
K100%

混合黑

可以表现出更深的黑度，但不适用
于太细的文字或线条。

C40%
M40%
Y40%
K100%

四色黑

因大量使用墨水而容易引发问题。

C100%
M100%
Y100%
K100%

03 浓度的注意点

对象的浓度在 5% 以上时才易于辨认。
浓度不满 5% 时，印刷效果可能会出
现花白的情况，这一点要特别注意。

浓度 30%	浓度 5%
浓度 20%	浓度 3%
浓度 10%	浓度 1%

04 叠印

印刷过程中按照 K（黑色）→ C（青色）→ M（品红）→ Y（黄色）的油墨颜色顺序叠色。如果在印刷过程中四种颜色的打印位置不能完全重合，图面上就会出现微小的白色间隙。因此，在印刷中往往会将单色黑（K100%）设定为"混合黑"，以叠印的方式来防止印刷过程中产生白色间隙的问题。在叠印模式中，上层颜色可以将下层颜色透出来。实际操作方法是在 Illustrator 中选择想要进行叠印的对象，打开【属性面板】，勾选【叠印填充】和【叠印描边】即可。

线宽 0.5 mm

线宽 0.35 mm

线宽 0.25 mm

线宽 0.1 mm

线宽 0.05 mm

线宽 0.01 mm

05 线的注意事项

在使用线条的时候，需要注意的一点就是线的粗细。实际印刷中线条的宽度在 0.1 mm（0.3 pt）左右，0.1 mm 以下的细线条可能会印不出来，进而影响图面效果，因此要注意不要将线宽设定在 0.1 mm 以下。

---

06 图像格式

网页和数码相机中一般所使用的 JPEG 图像格式其实并不适用于电脑排版。对版面设计而言，最好使用 Photoshop 将图像保存为 EPS 或 PSD 格式。GIF 和 PNG 等图像格式不能匹配 CMYK 颜色模式，因此也不适用于电脑排版。网页中使用的图像格式包括 JPEG、PNG、GIF、SVG 等，其中以 PNG、JPEG 格式为最多。

EPS、PSD

电脑排版中主要使用的图像格式，其中 PSD 格式的图像文件往往会超大，必要时可以分开使用。

JPEG、PNG

网页中主要使用的图像格式。PNG 图像的背景是透明的。

文档设定

纸版

点击【文件】菜单中的【新建】以打开新建文档面板，在面板内可以设定文档的高度、宽度、方向、出血大小及颜色模式等。设定完成后点击【确定】，就可以看到画版了。如果制作内容为纸媒体，则需要将文档的配置信息设定为打印。可以将各个选项都尝试一遍，比如将文档设定为 A4 大小之后，也可以再试试 B4 的尺寸。

画板

使用 🗐（画板工具）可以建立新的画板。根据画板大小的不同，单个文件内可以建立1~100 个画板，这对于设计页面较多的文件及导出 PDF 文件等十分便利。

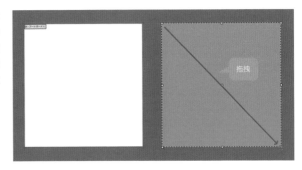

颜色设定

在【文件】菜单下的【文档颜色模式】中可以选择【CMYK 颜色】或【RGB 颜色】。

▶ 颜色模式的基础

一般而言，纸媒多使用 CMYK 颜色模式，而网媒多使用 RGB 颜色模式。制作纸媒时，四周出血大小可以设定为 3 mm 左右。

定位裁切线

图片或对象需要设置出血的时候，先设定好裁切线会更加便于后期操作。使用 ▢（矩形工具）画一个与画板大小相同的方形，点击【对象】菜单下的【创建裁切标记】选项，就可以制作裁切线。

设定留白边框

在进行版式设计前，先设定好留白边框的参考线可以使后期工作更加便利。使用 ▢（**矩形工具**）画一个与画板大小相同的方形，在【变换】面板内选择中心参考点，如果希望图面四周的留白空间都在 10 mm 左右，就将矩形的宽度和高度各减小 20 mm。然后在【视图】菜单下选择【参考线】，并点击【建立参考线】，便能使对象转换为参考线，这样就完成了留白边框的设定。

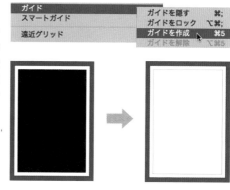

图像

链接图像

在【文件】菜单下点击【置入】，选择想要置入的图像后点击【置入】，便可置入图像。

改变图像的大小

选择 ▱（**自由变换工具**），拖拽四周的边界线即可改变图像的大小，调整时按住 shift 键可以约束图像的比例。另外，双击 ▱（**比例缩放工具**）可以打开按比例缩放的面板，直接输入数值，也可以任意改变图像的大小。

链接图像的管理

在链接面板中可以查看所有链接至文件内的图像。点击面板下方的 ➘（**转至链接**）可以直接跳转至链接所对应的图像。点击 ✎（**编辑原稿**）可以建立与 Photoshop 等软件的互动，进而可以直接编辑图像的相关数据。

对象

制作对象

选择■（**矩形工具**），在文档内使用鼠标点击并
拖拽，便可制作出一个方形，选择◎（**椭圆工具**）
或◉（**多边形工具**）则可以制作各种各样的形状。

填色和描边

在【工具】面板中选择▟（**填色和描边**）可以设
定各种各样的颜色。线条可以在【描边】面板下
设定粗细和形式等，制作虚线时，可以勾选面板
中的【虚线】选项，点击【保留虚线和间隙的精
确长度】，并输入相应数值即可。

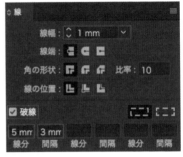

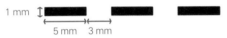

选择

根据【选择】菜单下的【相同】选项中的筛选条
件可以选择相应的对象。例如，想要选择所有颜
色相同的对象就可以点击【填充颜色】，想要选
择所有相同描边颜色的对象就可以点击【描边颜
色】。

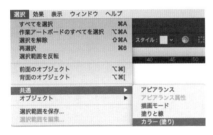

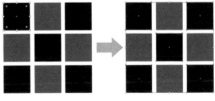

旋转

选择对象并双击 ↺（**旋转工具**），在面板
内输入角度数值便可使对象旋转，点击【复
制】按钮还可以同时实现复制功能。

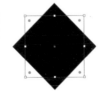

对象的变形

通过 ▷（**直接选择工具**）可
以对路径的角点进行编辑，
从而使对象变形。

移动

选择想要移动的物体，打开【**对象**】菜单下
的【**变换**】→【**移动**】面板，输入距离和角
度等数值，便可完成对象的移动，点击【**复
制**】按钮还可以同时实现复制功能。

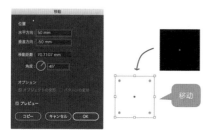

编组

在选择多个对象的状态下，点击【**对象**】菜
单下的【**编组**】选项即可对对象进行编组。
编组后的对象可以通过【**选择工具**】进行整
体选择。

【**快捷键**】

⌘(Ctrl) + G

锁定

选择对象，点击【**对象**】菜单下的【**锁定**】
→【**所选对象**】，便可锁定所选对象。锁定
后的对象不会再次被选中，这样可以有效避
免误操作。

【**快捷键**】

⌘(Ctrl) + 2

对齐

对于杂乱分散的对象，可以通过【**对齐**】
面板进行整理。按住键盘上的 shift 键可以
选择多个对象，根据实际需求在【**对齐**】
面板上选择左右、上下或居中等对齐命令。
另外，在选择了大量对象之后，再次点击
可选定想要作为基准的对象（关键对象），
然后输入数值，就可以使之按照所要求的
间距进行排列。

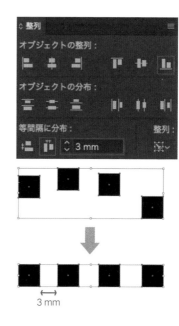

3 mm

隐藏

选择对象，点击【**对象**】菜单栏下的【**隐藏**】
→【**所选对象**】即可将对象隐藏，对叠合复
杂的设计而言，这是一项非常重要且便利的
功能。

【**快捷键**】

⌘(Ctrl) + 3

文字

文字输入

使用 T（文字工具）可以在文档内输入文字。
拖拽鼠标可建立文本框，在文本框内可输入
文字。使用【选择】工具可以改变文本框的
大小。

【字符】面板

可以对文字的字体样式、大小、字间距及行
间距等进行设置。对于布局紧凑的文章或希
望读者慢慢阅读的文字，根据需求的不同，
各种数值都需要细致设置。

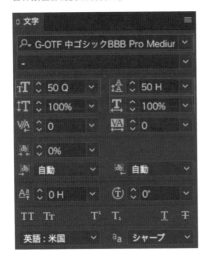

给文字着色

选择文字并使用【颜色】面板给文字着色，
可以对文字的边线和内部分别着色。

文字变形

点击【文字】菜单下【创建轮廓】选项，可
以将文字转换为可自由变换的对象。需要注
意的是，【创建轮廓】后的文字不能再进行
文字内容的编辑。

【段落】面板

可以对文本框内的文字内容进行左对齐、右
对齐或居中对齐等操作。

图层

创建新图层

点击【图层】面板下方的 🔲（**创建新图层**）
按钮即可创建新的图层，可以将文字、图像
等内容置于不同的图层中，以便于管理。

图层锁定

图层可以锁定或解锁。点击【图层】面板上
各个图层左侧的区域可以实现锁定 / 解锁的
转换。当图层显示锁定的图标时，该图层内
的所有对象均处于锁定状态。

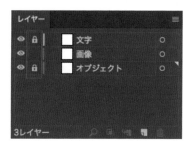

图层显示

图层可以显示或隐藏。点击【图层】面板左
侧的眼睛形状的图标，就可以实现显示 / 隐
藏的转换。

图层移动

选择图层进行拖拽便可实现图层移动，位于
下方图层上的内容会作为背景，而位于上方
图层内的内容将会优先显示。

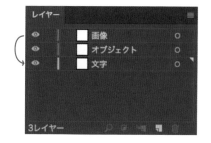

图层合并

按住键盘上的 ⌘（Ctrl）键，选择想要进行合并的图层，点击【**图层面板菜单**】内的【**合并所选
图层**】，即可将所选图层合并为一个图层。

裁 剪

【明度差别较大的素材】

使用【色彩范围】对选区进行裁剪

当所希望裁剪的内容与其他内容明度差别较大，背景中也没有太多杂物时，可以使用【色彩范围】功能来选定所需区域。打开【选择】菜单下的【色彩范围】面板，用吸管选择想要的部分，按住 shift 键可以继续点击扩大选择范围，还可以通过【容差值】来进行调整。除【色彩范围】外，另外还有【自动选择工具】【快速选择工具】【磁套选择工具】等选择方式，使用时可根据素材类型的不同选择适合的工具。

【复杂的剪影素材】

使用通道进行裁剪

对于人物的毛发等细微且复杂的内容，我们可以使用【通道】进行裁剪。打开【通道】面板，选择对比度最高的通道并复制（毛发类图像一般选择蓝色通道）。选定通道后，可以通过调整色阶或曲线等方式进一步调整对比度。为了使选定的部分全部变为黑色，可以配合使用 ✎ （画笔工具），将某些残留的白色位置涂黑，使用 ◔ （加深工具）消除发丝的高光部分等。通道调整完成之后，按住键盘上的 ⌘ （Ctrl）键并用鼠标点击该通道，便可快速选择通道选区范围。

【粗略的剪影素材】

使用路径进行裁剪

对于大致由直线和曲线所构成的剪影素材，可以使用 ✐ （钢笔工具）描画路径进行裁剪。选择 ✐ （钢笔工具）沿着轮廓的内侧进行描画，在这个过程中可以通过锚点的控制杆对曲线的角度进行调整，直至最终完成整条路径。

选择范围

从图层建立选区

在【图层】面板内按住 ⌘（Ctrl）键并点击图层缩略图，即可选择该图层的选区范围。

从路径建立选区

在【路径】面板内按住 ⌘（Ctrl）键并点击路径缩略图，即可选择该路径的选区范围。

增加选择范围

在已经选择了对象的状态下，使用选择工具按住 shift 键继续点击其他对象便可增加选择范围。

模糊边界

在选定选区的状态下点击【选择】菜单下的【修改】→【羽化】选项，在面板中输入数值，便可对边界进行模糊，从而产生渐变的效果。

将选区内的对象复制到新图层

选择想要复制的图层并选定选区，同时按住 ⌘（Ctrl）+ J键，即可将选区内容复制到新的图层。

图层操作

将"背景"图层化

因为"背景"图层处于锁定状态，所以无法进行变更模式、添加滤镜效果等操作，点击【图层】菜单下的【新建】→【背景图层】选项，即可将背景转换为一般图层，并进行各种操作。

合并多个图层

在【图层】面板内可以将多个图层合并为一个图层，可以选择想要进行合并的图层，并点击【合并图层】进行合并，【合并可见图层】命令会将所有可见图层合并，【拼合图像】命令会将所有图层合并为"背景"图层，使用时可根据实际状况的不同选择合适的图层合并方式。

后　记

　　在我成为一名成熟的设计师之前，常常苦于如何表达自己的设计想法。如今想来，可能是那时的自己还没能够很好地理解版式设计的目的这一本质性的问题吧！只要理解了版式设计的基本原则，再配合使用相应的设计手法，就能大幅提升设计的传达力。我相信，一旦你熟练掌握了版式设计的各种方法，并结合自己的想法加以组合运用，一定能设计出比本书所举案例更为精彩的版式。设计没有所谓的正确答案，如果本书能够为你的设计提供些许灵感，我就心满意足了。